Karzan Ahmed

Um novo composto anti-cancerígeno da planta Eremurus

Karzan Ahmed

Um novo composto anti-cancerígeno da planta Eremurus

ScienciaScripts

Imprint

Any brand names and product names mentioned in this book are subject to trademark, brand or patent protection and are trademarks or registered trademarks of their respective holders. The use of brand names, product names, common names, trade names, product descriptions etc. even without a particular marking in this work is in no way to be construed to mean that such names may be regarded as unrestricted in respect of trademark and brand protection legislation and could thus be used by anyone.

Cover image: www.ingimage.com

This book is a translation from the original published under ISBN 978-3-330-03684-0.

Publisher:
Sciencia Scripts
is a trademark of
Dodo Books Indian Ocean Ltd. and OmniScriptum S.R.L publishing group

120 High Road, East Finchley, London, N2 9ED, United Kingdom
Str. Armeneasca 28/1, office 1, Chisinau MD-2012, Republic of Moldova, Europe
Printed at: see last page
ISBN: 978-620-7-90704-5

Índice:

Capítulo 1   3

Capítulo 2   7

Capítulo 3   8

Capítulo 4   14

Capítulo 5   22

"Etnobiofarmácia e utilização sustentável da biodiversidade"
Impressão digital analítica e
avaliação biológica preliminar
de extractos de espécies de *Eremurus*: Isolamento
e caraterização de um
composto
biologicamente ativo

.

Capítulo 1

1. Introdução

No que respeita à definição de produtos naturais, o termo *natural* refere-se a algo produzido pela natureza e não artificial ou feito pelo homem. Atualmente, o termo *"produtos naturais"* é comummente utilizado para designar ervas, misturas de ervas, suplementos alimentares, medicina tradicional chinesa ou medicina alternativa (Holt G. A et al, 2002).

Muitos dos medicamentos atualmente utilizados na terapêutica tiveram a sua origem na natureza, uma vez que a maioria deles foi isolada ou derivada de fontes naturais. Os produtos naturais podem ser o ponto de partida para 1) a descoberta de novos candidatos a fármacos, bem como 2) para o desenvolvimento de suplementos dietéticos ou remédios à base de plantas destinados a melhorar a saúde humana. É evidente que estas duas abordagens apresentam normalmente desafios diferentes com objectivos diferentes (Lang Q et al 2001; Spainhour C. B 2001). Além disso, embora as histórias das ervas e dos medicamentos à base de plantas sejam muitas vezes romanceadas, deve reconhecer-se que a utilização de remédios à base de plantas na medicina popular é diferente da utilização de produtos naturais como ponto de partida para a descoberta de novas moléculas biologicamente activas e o desenvolvimento de novos candidatos a medicamentos.

1.1 Os curdos iraquianos e a região autónoma curda

Os curdos iraquianos têm tido uma história recente turbulenta, e o desenvolvimento económico da região há muito que sofre com esta instabilidade (McDowall, 2007; Yildiz, 2007). Acontecimentos trágicos nas últimas décadas, como as Revoltas Barzani (1960-75), a guerra Irão-Iraque (1980-88) e a campanha Al-Anfal (1986-89), o infame genocídio curdo, levaram à destruição de cerca de 4.000 aldeias, à morte de 180.000 pessoas e à deslocação de mais de um milhão de pessoas no Curdistão (McDowall, 2007; Yildiz, 2007; Gunter, 2004). Apesar do contrabando transfronteiriço de mercadorias (van Bruinessen, 2002) e do comércio de trânsito com a Turquia (SIIA et al. 2008), poucas influências foram capazes de penetrar a partir do exterior, deixando os curdos sobretudo dependentes dos recursos naturais disponíveis no Curdistão e das suas tradições populares (como as medicinas tradicionais). O seu estilo de vida cultural e tradicional, diverso e distinto (van Bruinessen, 1989, 1996; Izady, 1992), foi bem preservado. A criação da Região Autónoma do Curdistão, em 1991, deu origem a um crescimento económico,

desenvolvimento e mudança social para os curdos iraquianos (Yildiz, 2007). Esta sociedade curda em rápida mudança está a enfrentar uma perda da diversidade biocultural curda e uma mudança significativa na cultura da medicina tradicional à base de plantas (Mati & de Boer, 2010).

1.2 Etnobotânica e medicina tradicional à base de plantas no Curdistão

A descoberta da sepultura neandertal de Shanidar IV e a utilização de flores nos enterramentos (Solecki, 1975) revelam que a fitoterapia pode ser uma prática antiga nas montanhas e planícies do Curdistão (Leitava, 1992). As tradições em torno da fitoterapia e da utilização de plantas continuam hoje em dia muito difundidas nas cidades, aldeias e zonas rurais, mas, à exceção de um estudo recente de Mati e de Boer (2010) sobre a utilização de corantes naturais e a transferência de conhecimentos entre tribos nómadas na província de Erbil, existe pouca investigação etnobotânica sobre o Curdistão. Os estudos etnobotânicos realizados em países vizinhos como o Irão (Miraldi et al., 2001; Naghibi et al., 2005; Yekta etal., 2007) e a Turquia (Everest & Ozturk, 2005;

Ozgokce & Üzcelik, 2004) fornecem informações úteis sobre a utilização omnipresente de plantas na medicina tradicional.

Estes inquéritos etnobotânicos relataram que, entre os cidadãos desta parte do sudoeste asiático, a utilização de remédios à base de plantas é muito comum. Alguns deles são apresentados no quadro 1.

Tabela 1: Lista de várias espécies de plantas juntamente com as suas utilizações etno-botânicas.

Nome científico	Parte Tradicional utilizadaUtilizações	Atividade farmacológica	Preparação Administração
Dracocephalum kotschyi Boiss.	Wh.P. Febre *[1] Anti-hiperlipidémico *[2] Analgésico *[3] Reumatismo *[4] Analgésico, antipirético Anti Inflamatório *[4]	Decocção Antinociceptivo *[3]	Infusão
Eremostachys glabra Boiss.	Rh. Analgésico (local), Inflamação *[6]	Antioxidante *	-
Mentha sylvestris L.	L. Reumatismo, calafrios *[7] Disenteria, Dispepsia Alergias cutâneas, Estimulante *[8]		-Infusão
OtostegiaAp persica(Borm.S)Reumatismo, Boiss.	. Toothache *[11]	Analgésico,	Antioxidante * -[9,10]
Salvia viridis L.	Se. Dor de olhos, Limpa-olhos *[13] , sementes utilizadas Tónico estomacal diretamente para Limpeza dos olhos	Antibacteriano *[12] Moisted	
Thymus pubescens Boiss.	L. Reumatismo, Afecções da pele *[15]	Antibacteriano *[14] Banho	
Eremurus persicusBom	Ap distúrbios do estômago, fígado, e diabetes *[16]	Antiglaycation, obstipaçãoAntibacteriano	-
EremurusApPanelas spectabilis M.Biebdiabetes	dos olhos, e eczema *[17] Antioxidante *[18]	Antiradical	Antibacteriano

A.p. = Partes aéreas, S= Semente, L= Folha, **Rh.** = Rizoma, **Wh.p.** = Planta inteira.
*[1] Sairafianpuor M 2002; *[2] Ebrahim S.S 1998; *[3] Golshani S 2004; *[4] Ghafghazi T 1990; *[5] Edris A E 2003; *[6] Delazar A 2004; *[7] Hooper D 1937; *[8] Aynehchi Y 1986; *[9] Sharififar F 2003; *[10] Shaiq Ali M 2000;*[11] Sharififar F 2003; *[12] Ulubelen A 2000; *[13] Ghorbani AB 2004; *[14] Rasooli I 2002; *[15] Rustaiyan A 1990; *[16] Vala M.H e Asgarpanah J 2011;*[17] Yesil Y 2009;*[18] Karaman K 2011.

Os usos de medicamentos à base de plantas relatados pelos herboristas são variados (desde usos medicinais a usos cosméticos e rituais) e podem ser classificados em 133 remédios diferentes, a maioria dos quais para usos medicinais, mas também cosméticos e rituais. Os remédios medicinais podem ser agrupados em grandes perturbações dos sistemas biológicos e em categorias adicionais (Figura 1). Muitas ervas (cerca de 26,1%) são utilizadas pelos habitantes locais para tratar perturbações do sistema digestivo. Isto pode dever-se à abundância destas doenças na sociedade curda, e/ou à ampla aplicabilidade deste termo, uma vez que pode incluir diversas utilizações, por exemplo, hipercolesterolemia, dor abdominal, flatulência, colite, etc. Outras categorias de doenças frequentemente notificadas (< 8%) são as perturbações geniturinárias (incluindo os afrodisíacos), as perturbações do sistema endócrino (incluindo a diabetes) e as perturbações do sistema tegumentar (incluindo todas as afecções cutâneas). Os dados comunicados mostram claramente a aplicação diversificada de plantas medicinais a uma série de doenças (Mati & de Boer, 2010).

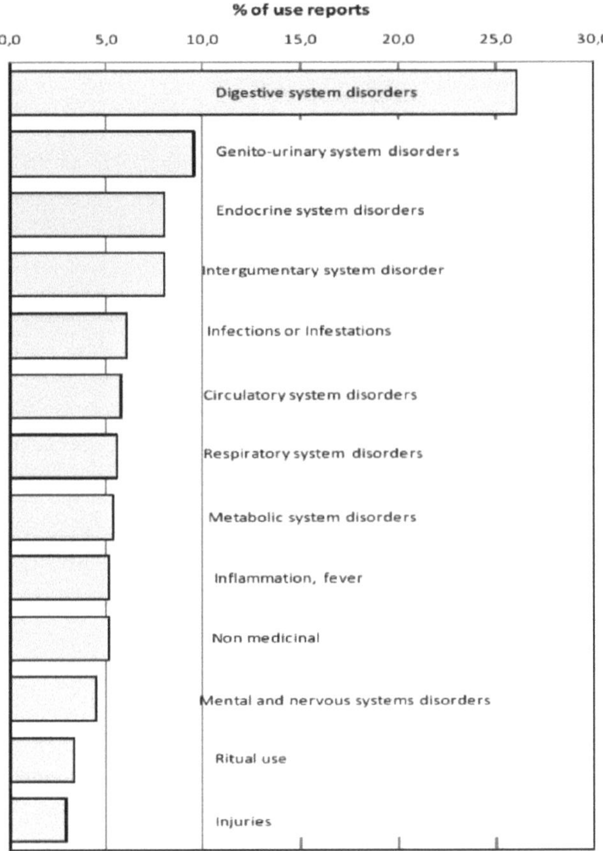

Figura 1: Utilizações relatadas de medicamentos em categorias de doenças (Mati & de Boer, 2010).
No Curdistão, a medicina tradicional à base de plantas continua a ser a primeira escolha para os cuidados de saúde primários em relação a muitas doenças, e é aos ervanários que a comunidade local recorre, especialmente para aqueles que não podem pagar medicamentos caros. A medicina herbal aumentou a sua popularidade na

sociedade curda durante as duas últimas décadas. Este fenómeno pode estar relacionado com os meios de comunicação social, que estão repletos de informações sobre remédios à base de plantas, contribuindo para a divulgação em massa da medicina tradicional. No entanto, os curdos procuram frequentemente saber mais sobre ervas através de amigos e familiares. O interesse crescente pela medicina herbal no Curdistão trouxe uma nova vaga de investidores privados que criaram clínicas centradas na medicina herbal. Estas novas clínicas estão vocacionadas para os doentes que procuram medicamentos à base de plantas num ambiente clínico ocidentalizado e, frequentemente, cultivam as suas próprias plantas medicinais a partir de sementes importadas de alta qualidade. As ervas também são fornecidas aos grossistas locais como não adulteradas, saudáveis e limpas. No entanto, as farmácias modernas e as novas clínicas de ervas estão a criar incerteza entre os ervanários do mercado de Qaysari. O receio de causar danos pode tornar os ervanários relutantes em fornecer informações sobre a utilização e a dosagem dos produtos vegetais. Em muitos casos, os clientes não pedem instruções de utilização e, ocasionalmente, são vendidas plantas medicinais das quais o ervanário não tem conhecimento, na convicção de que o cliente conhece as suas utilizações. O comércio aumenta todos os anos e os ervanários continuam a acrescentar novos produtos medicinais aos seus inventários... O aumento do volume do comércio de ervas leva a uma série de consequências razoáveis. Entre elas, o risco de esgotamento das fontes naturais (no caso das espécies selvagens) e a necessidade de extensão das culturas, com um aumento dos custos. Para ultrapassar estas dificuldades, os vendedores procuram outras fontes. Por conseguinte, o comércio de plantas medicinais passa de matérias-primas cultivadas localmente e de origem selvagem para materiais importados parcialmente transformados e embalados. De facto, para satisfazer os pedidos dos clientes, alguns ervanários preferem oferecer produtos à base de plantas pré-embalados para proporcionar tratamentos fáceis sem correrem o risco de serem culpados. Como o comércio está a passar da cultura tradicional para o mainstream, é provável que os ervanários percam gradualmente as suas posições como curandeiros tradicionais e se tornem empresários que comercializam produtos à base de plantas (Mati & de Boer, 2010).

Capítulo 2

2. Objetivo do estudo

Ao longo dos tempos, os seres humanos têm confiado na natureza para as suas necessidades básicas e, não menos importante, para os medicamentos (Newman et al. 2000). Na verdade, vários medicamentos devem a sua descoberta e desenvolvimento à etnobotânica; alguns exemplos são a aspirina, originalmente derivada da *Salix* spp., a reserpina, da utilização medicinal indiana da *Rauwolfia spp.* e o quinino, da *Cinchona* spp. da América do Sul. Atualmente, foi estabelecido que até 25% dos medicamentos em uso estão relacionados com substâncias naturais, na sua maioria de origem vegetal (iwu e wootton. 2002). A etnobotânica, a etno-medicina e a medicina tradicional podem fornecer informações úteis como "pré-triagem" para a seleção de espécies vegetais para estudos químico-farmacêuticos. O sucesso desta abordagem é demonstrado pela descoberta de vários fármacos atualmente em uso, como os glicosídeos cardíacos e a vincristina, como os exemplos mais conhecidos.

A presente tese de mestrado insere-se neste domínio de investigação da química medicinal e a sua realização foi possível graças a um projeto comum entre a Região da Lombardia (Itália) e a Região do Curdistão (Iraque). A medicina tradicional curda é rica em remédios à base de plantas, tal como descrito na secção Introdução. Atualmente, o acesso a esta forte etnomedicina tradicional é simplificado pelo comércio diversificado e vigoroso de plantas medicinais vendidas nos mercados (*bazar*), localizados nas principais cidades (Mati Eat el. 2010). Mesmo que a compra de medicamentos à base de plantas no mercado local seja mais conveniente do que a recolha na natureza, muitas vezes os medicamentos não estão devidamente rotulados.

Neste contexto, o presente trabalho centrou-se na preparação de diferentes extractos da droga *Eremurus* adquirida no mercado de Sulaymaniyah, bem como das raízes de *Eremurus persicus* e *Eremurus spectabilis*. O segundo objetivo do trabalho é fazer a caraterização fitoquímica e biológica de todos os extractos preparados. *Eremurus* persicuse *spectabilissão* as duas espécies de *Eremurus largamente* difundidas no território iraniano/iraquiano e utilizadas na medicina curda para o tratamento de várias doenças desde a antiguidade (O livro AL- Abadan *Avicenna*).

Em resumo, a presente pesquisa teve como objetivos: 1) identificação da espécie contida na droga vendida pelo mercado local como *Eremurus*; 2) perfil biológico preliminar dos extratos de *Eremurus, Eremurus persicus* e *Eremurus spectabilis*; 3) isolamento e caraterização dos principais fitocomponentes do extrato mais ativo (extrato *hit*); 4) avaliação farmacológica profunda dos compostos isolados visando a descoberta de novas moléculas biologicamente ativas.

Capítulo 3

3. Planta objeto do estudo

3.1 O género Eremurus

O género *Eremurus* (Xanthorrhoeaceae), que inclui cerca de 50 espécies, está principalmente limitado à Ásia central e ocidental (Chong L et al. 2000).

O Eremurus é originário do Irão, da Turquia e do Afeganistão, das pradarias secas e das regiões semi-desérticas da Ásia. *O Eremurus pode* ser encontrado numa variedade de cores como o amarelo, o laranja, o creme e o rosa-areia. Foram descobertos e cultivados pela primeira vez nas regiões montanhosas da Ásia Central e Ocidental. Também são conhecidos como lírios de rabo de raposa, asfódelo gigante e velas do deserto. Estes nomes comuns são mais populares do que o nome botânico *Eremurus*. Estes nomes retratam a forma e a cor da flor e a semelhança da folhagem com as caudas espessas e espessas dos animais. Estes nomes são também uma representação dos tipos de ambientes em que crescem melhor.

Na área da Flora Iranica, Asphodeloideae como subfamília de Liliaceae tem três géneros incluindo *Eremurus*, *Asphodelus L.* e *Asphodeline Reichenb* (Wendelbo 1982). Foram registadas sete espécies de *Eremurus* no Irão, sendo *Eremurus persicus* (Jaub & Spach) Boiss uma das sete espécies e duas espécies de *Eremurus* no Curdistão do Iraque, sendo *Eremurus spectabilis* M.Bieb uma das duas espécies. *Eremurus foi* dividido em dois subgéneros e três secções (Wendelbo 1982). O subgénero *Eremurus* é caracterizado por flores tubulares/campanuladas castanho-claras, verdes ou creme, tépalas incurvadas e tépalas com 3-5 nervos abaxialmente e filamentos exercitados. Por outro lado, o subgénero *Henningia* tem flores rotativas brancas, cor-de-rosa ou amarelas, na sua maioria com filamentos não exercitados e tépalas com uma nervura abaxial (Safar K.N et al. 2009).

Vários tipos de antraquinonas (1), naftalenos (2), crisofanol (3) e outros compostos foram isolados do género *Eremurus* (Chong L et al. 2000; Zhang, Zhang, Tao, & Li, 2000). Além disso, muitos polissacáridos estão presentes no género *Eremurus* como constituintes químicos da espécie (Changfeng Hu at el. 2011). O isolamento e a caraterização estrutural de alguns compostos de partes aéreas de *Eremurus persicus* Boiss são relatados na literatura, tais como: 5, 7, 6- trimetoxi-cumarina (4) exibiu uma boa atividade antiglicação; 2-acetil-1-hidroxi- 8-metoxi-3-metilnaftaleno (5) para ter atividade antimalárica; 1, 5, 8-tri-hidroxi- 3-metilantraquinona (6) para ter citotoxicidade significativa contra linhas de células cancerosas (Asgarpanah J et al. 2011; Khan S.S et al. 2011) . Os compostos voláteis do *Eremurus spectabilis* foram caracterizados por meio de (GC/MS). Os principais componentes dos compostos voláteis do *E.spectabilis* foram a carvona(7), o carvacrol(8), o 2-metil pentano(9), o (E)-cariofileno(10), o valenceno(11) e o cadaleno(12) (Karaman K et al. 2011).

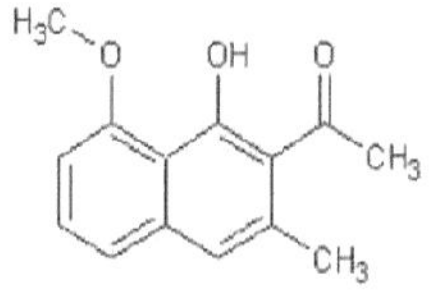

5

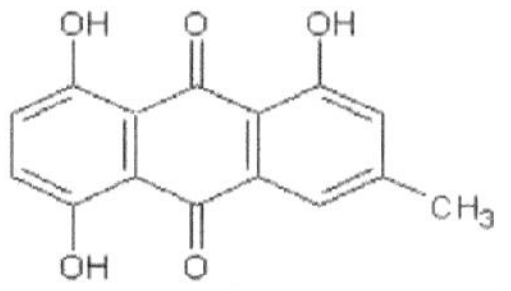

6

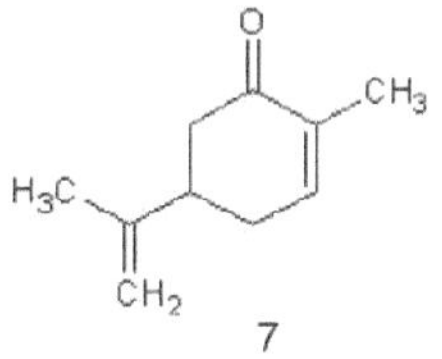

7

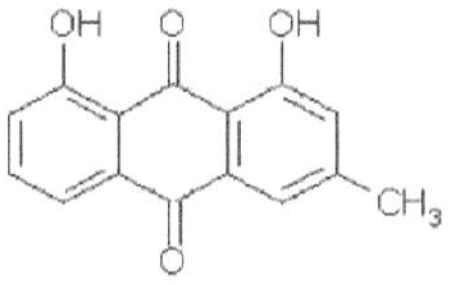

3

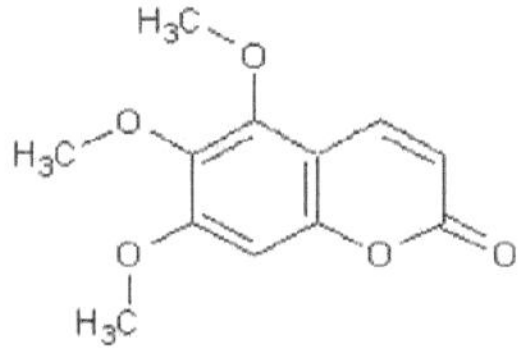

4

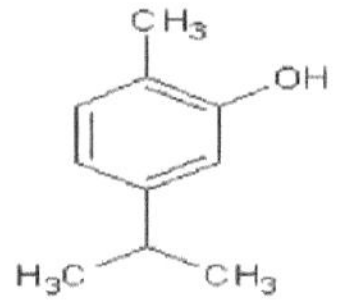

8

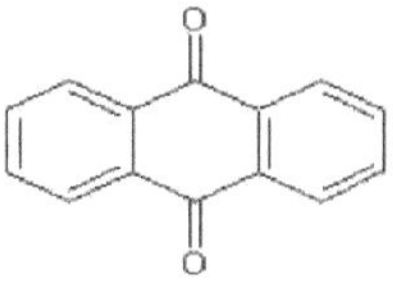

1

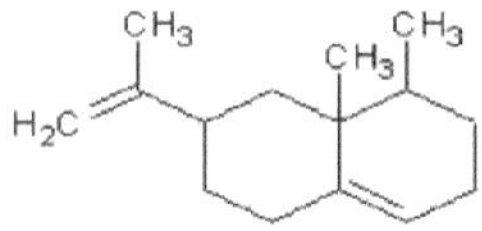

11

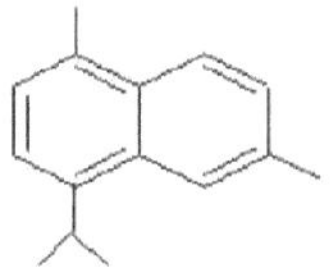

12

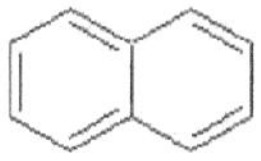

2

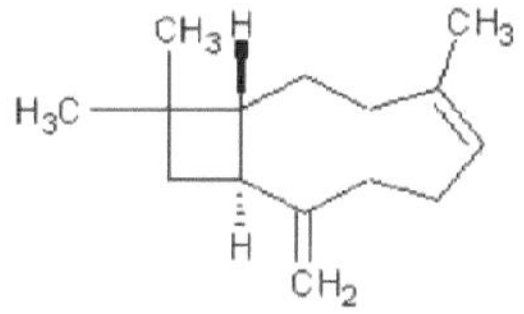

10

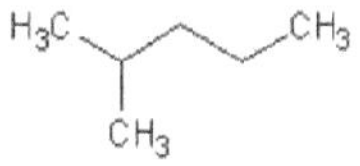

9

3.2 *Eremurus persicus*(Jaub & Spach) Boiss
3.2.1 Taxonomia, nomenclatura e descrição botânica

Eremurus persicus (Jaub & Spach) Boiss. (Syn. Asphodelus Persicus; Eremurus aucherianus; Eremurus persicus subsp. Sikesarus; Eremurus sikesarus; Henningia aucheriana; Henningia persica; Henningia sikesara) é um membro da família Xanthorrhoeacea. As espécies de plantas recolhidas foram classificadas e identificadas como *Eremurus persicus* (Jaub & Spach) Boiss no ESUH (Education Salahaddin University Herbarium). A sua classificação taxonómica é a seguinte

Reino: Plantae

Sub-reino: Viridaeplantae

Superdivisão: Euphyllophytina

Divisão: Magnoliophyta

Classe: Liliopsida

Subclasse: Liliidae

Encomenda: Asparagales

Família: Xanthorrhoeaceae

Género:*Eremurus*

Subgénero:*Henningia*

Espécie:*persicus* Boiss.

Outros nomes vernaculares/comuns incluem: chiresh, sarish, siris, shirias e raízes do asfódelo gigante. Curdo: خوزة, Persa: علف سریش‌سریشم, Inglês: giant asphodel,Arabic سریش . (Hooper D et al. 1937)

Eremurus persicus Boiss é uma planta espontânea e ornamental, pode atingir 30-70 cm de altura, sementes de 8-10mm de comprimento, amplamente aladas. As folhas podem ter 1 cm de largura na base do caule. As suas raízes tuberosas têm uma forma muito estranha: raízes grossas e carnudas espalham-se em todas as direcções a partir de um núcleo central. Estas raízes devem ser manuseadas com muito cuidado.

O *E.persicus do* subgénero *Henningia produz* flores cor-de-rosa pálido. Placa 1

O Eremurus persicus é especialmente popular na Ásia Central. Em particular, encontra-se nas montanhas tropicais da Pérsia (Irão), Afeganistão, Paquistão e Caxemira (Karl H.P et al. 1937).

O Eremurus persicus é geralmente representativo da família Xanthorrhoeaceae. O género *Eremurus* pode incluir entre 45-50 espécies: *E.persicus* é a mais comum no Irão.

(1)

(4)   (3)   (2)   (5)

Placa 1.*Eremuruspersicus* Boiss: **1**- parte **aérea**; **2**- sementes; **3**- flores
4.   Caule, folha e **5-**. Raiz.

3.2.2 Utilização tradicional

O Eremurus persicus Boiss, localmente designado por "Sarish", está amplamente distribuído no sul, leste e oeste do Irão. Esta planta cresce na primavera até ao fim do verão e tem sido utilizada como alimento ou aditivo alimentar e para fins terapêuticos desde tempos antigos. As utilizações mais importantes da droga e os compostos bioactivos estão resumidos nos quadros abaixo:

Peças utilizadas	Utilizações tradicionais	referências	atividade comunicada
Raiz	. Inflamação e doenças de pele . Cola natural	Folclórico Vala M.Het al. 2011.	Tanto quanto sabemos, não existe qualquer avaliação científica desta parte na literatura.
Parte aérea	doenças do fígado e do estômago, obstipação e diabetes	Vala M.Het al. 2011 Asgarpanah J et al.2011	atividade antiglicante, antibacteriana e citotóxica

Caracterização fitoquímica

Peças utilizadas	Metabolito ativo	atividade	Referências
Parte aérea	* 5, 6, 7-trimetoxi-cumarina * 2-aetaile-1-hidroxi-8-metoxi-3-metilenaftaleno	* Antiglicação * Antimaláricos	Asgarpanah Jet al. 2011 Khan S S et al.2011
	* 1,5,8-tri-hidroxi-3-metilo antraquinona	* Anticancerígeno	Khan S S et al. 2011

3.3 Eremurus *spectabilis* M.Bieb:

3.3.1 Taxonomia, nomenclatura e descrição botânica

Eremurus spectabilis M.Bieb. (Syn. Asphodelus regius; Eremurus bachtiaricus; Eremurus caucasicus; Eremurus libanoticus; Eremurus sibiricus; Eremurus tauricus) é um membro da família Xanthorrhoeaceae. As espécies vegetais recolhidas foram classificadas e identificadas como *Eremurus spectabilis* M.Bieb no ESUH (Education Salahaddin University Herbarium). A sua classificação taxonómica é a seguinte

Reino: Plantae

Sub-reino: Viridaeplantae

Superdivisão: Euphyllophytina

Divisão: Magnoliophyta

Classe: Liliopsida

Subclasse: Liliidae

Encomenda: Asparagales

Família: Xanthorrhoeaceae

Género:*Eremurus*

Subgénero:*Eremurus*

Espécie:*spectabilis* M.Bieb

Outros nomes vernaculares/comuns incluem: chirech, sarish, siris, ciris, shirias e raízes do asfódelo gigante. Curdo: SJA Persa: ^j-^j- ^, inglês: giant asphodel, árabe^?- . (Hooper D et al. 1937)

O Eremurus spectabilis M.Bieb é um arbusto herbáceo vigoroso, perene, não cultivado, que pode atingir uma altura de 75-200 cm, com rizoma encurtado e raízes fusiformes espessadas radicalmente divergentes. As folhas podem ter 4,5 cm de largura e são glabras, com margens escabrosas ou lisas, as raízes são curtas, carnudas e descendentes.

O *E.spectabilis do* subgénero *Eremurus produz* flores amarelas pálidas. Placa 2
O Eremurus spectabilis é geralmente representativo da família Xanthorrhoeaceae. O género Eremurus pode incluir entre 45-50 espécies: *E.spectabilis* é a mais comum no Curdistão.

O Eremurus spectabilis é especialmente popular na Ásia, Palastain, Ásia média, Curdistão/Iraque, Israel, Líbano, Pérsia, Antólia e Cáucaso (Karl H.P et al. 1937).

(1)

(2) **(3)** **(4)** **(5)**

Placa 2. *Eremurusspectabilis* M.Bieb: 1- parte aérea; 2- flores; 3- folha;
4- Caule, raiz, folha seca e **5-raiz**.

Eremurus spectabilis M.Bieb é uma planta que cresce na primavera como um vegetal selvagem e tem sido utilizada como alimento ou aditivo alimentar e para fins terapêuticos desde a antiguidade.

3.3.2 Utilização tradicional

tempos. O corpo jovem da planta, juntamente com o rizoma e os nódulos da raiz, pode ser consumido como refeição depois de cozinhado, e pode ser seco e conservado para consumo no inverno. As principais utilizações medicinais da planta estão resumidas no quadro seguinte:

Peças utilizadas	Utilizações medicinais	referências	atividade comunicada
Raiz	Sarna Reumatismo, perturbações gastrointestinais Tratamento de doenças da pele	Karaman S et al. 2001 OzturkFet al. 2011 Mamedov N et al. 2004	Atividade antirradicalar (método DPPH) Atividade antioxidante (ensaio de fosfomolibdénio). Atividade antibacteriana contra 12 bactérias
Parte Arial	Dores de olhos, diabetes e eczema	Yesil Y et al. 2009	

Caracterização fitoquímica

Pela primeira vez, foram identificados trinta e quatro compostos voláteis em *Eremurus spectabilis*. Carvona (46,64%), mono-terpenóide; carvacrol (14,45%), monoterpenóide com potencial capacidade bactericida; 2-metil pentano (7,34%); (E)- Cariofileno (5,5%), sesquiterpeno com atividade anestésica local; Valenceno (5,11%), sesquitepeno e ácido acético (1,12%) foram os componentes principais. (Kevser Karaman at el. 2011). E 10 literaturas exibiram o isolamento e a caraterização do glucomanano em *E.spectabilis*.

Capítulo 4

4. Secção experimental

4.1 Química e instrumentação

A) Todos os solventes foram adquiridos a Carlo Erba (Milão, Itália).

B) A extração por solvente assistida por micro-ondas foi realizada num aparelho de micro-ondas multimodo utilizando um sistema de recipiente fechado (prensa MARSX, CEM Corporation Matthews, NC, EUA).

C) A análise qualitativa foi efectuada por cromatografia em camada fina (TLC, Kieselgel 60 F254, 0,2 mm, 20*20 cm, Merck, Alemanha).

D) A HPLC-UV-PAD-CD foi efectuada por um sistema Jasco (Japão) equipado com um amostrador automático Jasco AS-2055 plus, uma bomba PU-2089 plus e um detetor multi-comprimento de onda MD-2010 plus acoplado a um detetor de dicroísmo circular CD-2095 plus.

E) As análises HPLC-ESI-MS foram efectuadas no sistema Finnigan LCQ fleet ion trap, controlado pelo software Xcalibure 1.4 (Thermo Finnigan, San JoseCA, EUA).

F) As análises de RMN (^{1}H-NMR,^{13}C-NMR, H-^{11}H-COSY e DEPT-NMR) foram efectuadas em CDCl3, salvo indicação em contrário, e foram registadas num espetrómetro de RMN de 200 MHz Brucker CPX e num espetrómetro de RMN de 300 MHz Brucker AV.

G) A rotação ótica foi determinada no polarímetro fotoelétrico DIP 1000 da Jasco (JASCO Europe, Cremella, LC, Itália).

H) Os ensaios biológicos foram realizados utilizando o espetrofotómetro UV-Visível (espetrómetro Lambda 25 UV/VIS, Perkin Elmer instruments, Massachusetts, EUA) e o IC50 foi calculado utilizando o GraphPad Prism 4.0.

4.1.1 Material vegetal

I) *Eremurus persicus* Boiss foi recolhido numa área da sonda montanhosa Gulestan Kuh em Golpayegan, a uma altitude de 3000-3200 m, localizada a 120 km de Isfahan/Irão, em agosto de 2011.

J) *Eremurus spectabilis* M.Bieb foi recolhido na aldeia de Kani Meran (montanha de Kani Meran), que pertence à região de Penjwen -Sulaymaniyah/Kurdistão, no norte do Iraque, em julho de 2011.

Os materiais vegetais recolhidos foram identificados e classificados pelo Dr. Abdulla sa'ad no Departamento de Ciências da Educação, Faculdade de Biologia, Universidade de Salahaddin, Hawler/Iraque. Os espécimes (n.º 6856) e (n.º 6873), respetivamente, foram depositados no ESUH (Education Salahaddin University Herbarium) Hawler/Iraque. As raízes recém-cortadas foram armazenadas e secas numa sala de secagem com ventilação ativa à temperatura ambiente (cerca de 20-22º C) até atingirem um peso constante. As raízes foram cortadas em pequenas dimensões e moídas com um moinho de lâminas para obter um pó fino homogéneo. A droga foi armazenada em condições de escuridão.

K) 1.2 Extração

As raízes secas em pó de *Eremurus persicus* e *Eremurus spectabilis*, bem como a droga seca em pó de *Eremurus* adquirida no mercado, foram desengorduradas com éter de petróleo a 10% (W/v) durante 1 hora à temperatura ambiente sob agitação mecânica (Miller R.B et al. 2005). Após filtração, todos os fármacos secos obtidos foram mantidos à temperatura ambiente no escuro.

Os medicamentos tratados foram depois submetidos a extração por maceração e extração por solvente assistida por micro-ondas.

Extração por maceração: A droga seca desengordurada (1g) de *Eremurus*, *Eremurus persicus* Boiss e *Eremurus spectabilis* M.Bieb foi extraída por procedimento de maceração sob agitação mecânica durante 1 hora e 12 horas com 20 mL de clorofórmio, acetato de etilo, metanol 70%, metanol, etanol e água. Todas as extracções foram realizadas à temperatura ambiente. O processo de extração foi repetido três vezes e o solvente foi evaporado a pressão reduzida (evaporador rotativo; temperatura 40° C) para obter extractos brutos.

A extração por solvente assistida por micro-ondas (MASE) foi realizada num aparelho de micro-ondas multimodo utilizando um sistema de recipiente fechado. O solvente etanólico (30 mL) foi adicionado aos materiais vegetais (1,5 g) e as amostras foram aquecidas a 120 °C durante 20 minutos com uma potência de 800 W. As amostras foram arrefecidas à temperatura ambiente antes de se abrirem os recipientes. Cada extrato foi separado por filtração e o solvente foi evaporado até à secura sob vácuo a 40°C. Todas as amostras secas obtidas foram mantidas à temperatura ambiente no escuro.

Todos os extractos brutos (extractos ME ou MASE) foram tratados com 1) carvão vegetal e 2) polivinilpirrolidona (PVP). Em primeiro lugar, foram adicionados 0,5 g de carvão a 500 mL de solução dos extractos brutos, sob agitação mecânica durante 15 minutos à temperatura ambiente, tendo o solvente sido evaporado sob pressão redutora. Em segundo lugar, foi utilizado o tratamento com PVP, tal como referido por (Makkar H.P.Set al.1993). Resumidamente, 1 g de extractos foi extraído com 50 ml de acetona a 70% até se dissolver completamente para obter a solução 1. A solução 1 foi dividida em duas partes semelhantes, ou seja, a parte A e a parte B. A parte A foi re-extraída com 50mL de solvente etanol e adicionou-se 1g de PVP sob agitação mecânica durante 15 min em banho de gelo. Também a parte B foi extraída com o mesmo procedimento, mas sem adição de PVP.

L) 1.3 Análise cromatográfica

12.1.3.1 Análise TLC

A cromatografia em camada fina dos extractos foi realizada utilizando duas fases móveis diferentes [acetato de etilo-metanol-água (100:13,5:10 v/v/v) ou tolueno-acetato de etilo (97:3 v/v)] combinadas com reagente de cério, utilizando luz UV-254 e 365nm.

12.1.3.2 Análise HPLC-UV-PAD-CD

Para obter a impressão digital analítica dos extractos brutos, foi utilizado um cromatógrafo líquido de alta resolução com detetor de arranjo de fotodíodos ultravioleta (HPLC-UV-PAD) (ver a secção de instrumentação). A coluna utilizada foi a coluna com tampa terminal Chromolith Speed ROD RP-18 (50 mm x 4,6 mm, ID 3 mm, tamanho do macroporo 2 pm, tamanho do mccroporo 13 nm, Merck) e uma coluna security guard H5-10C. A fase móvel era constituída por água contendo 0,1% (v/v) de ácido fórmico (A) e acetonitrilo (B); foi utilizado o seguinte gradiente de eluição.

Tempo (min)	Solvente A	Solvente B
0	98	2
5	98	2

10	95	5
35	60	40
43	10	90
48	98	2
53	98	2

O caudal foi fixado em 1mL/min. Cada amostra foi dissolvida em metanol (conc. = 3mg/mL) e filtrada com uma membrana GHP de 0,45 pm antes de ser injectada no sistema HPLC. O volume de injeção foi de 20 pl. Todas as análises foram efectuadas à temperatura ambiente.

12.1.3.3 Análise HPLC-UV-ESI-MS

As amostras foram analisadas por HPLC-ESI-MS e HPLC-ESI-MS/MS. A coluna utilizada foi a coluna com tampa terminal Chromolith Speed ROD RP-18 (50 mm x 4,6 mm, ID 3 mm, tamanho do macroporo 2 pm, tamanho do mecroporo 13 nm, Merck) e as condições de eluição foram as mesmas utilizadas para a análise por HPLC-UV-PAD-CD. Os espectros de massa foram gerados tanto no modo de iões positivos como no modo de iões negativos em condições instrumentais constantes. Para o modo de iões positivos: tensão de pulverização de iões de 5 kV, tensão capilar de 46 V, temperatura capilar de 220° C e tensão da lente do tubo de -100 V. Para o modo de iões negativos: tensão de pulverização de iões de 5 kV, tensão capilar de -49 V, temperatura capilar de 220° C e tensão da lente do tubo de -100 V.

M) 1.4 Fracionamento dos extractos brutos de *Eremurus persicus*

13.1.4.1 Extração líquido/líquido

1g de extractos etanólicos de raízes de *Eremurus persicus* Boiss foi dissolvido em 300 ml de água e extraído com 300 ml de diclorometano (DCM), sob agitação mecânica durante 3 horas à temperatura ambiente. A solução foi transferida para um funil de separação de vidro. A fração de DCM foi recolhida num balão e novamente extraída com água. A extração foi repetida três vezes. Finalmente, a fração de DCM foi recolhida num outro balão e evaporada até à secura, obtendo-se uma fração de DCM (20 mg, rendimento de 2%).

13.1.4.2 Cromatografia flash

Protocolo 1,2g de extractos etanólicos de raízes de *Eremurus persicus* Boiss foram suspensos em (200ml) diclorometano (DCM) e agitados à temperatura ambiente. Após filtração, o solvente foi concentrado sob vácuo para obter um sólido (0,2 g) que foi submetido a cromatografia em coluna flash em gel de sílica (50 g) e eluído com misturas de acetato de etilo e hexano (1: 1). Obteve-se 30 mg do composto puro 1 (Rf = 0,375, método TLC, T.r = 27,4 min, método HPLC). O rendimento foi calculado como sendo de 1,5%.

Protocolo 2.3.5 g de extractos etanólicos de raízes de *Eremurus persicusforam* submetidos a cromatografia em coluna flash em gel de sílica (500g) e eluídos em gradiente com misturas de hexano e acetato de etilo a partir de (50:50), (30:70) até 100% de acetato de etilo. Obteve-se 65 mg do composto 1 puro (Rf = 0,375, método TLC, T.r = 27,4 min, método HPLC). O rendimento foi calculado como sendo de 1,9%.

N) 1.5 Identificação estrutural do composto 1

14.1.5.1 Ressonância magnética nuclear (RMN)

A espetroscopia de RMN foi efectuada no composto 1 isolado do extrato etanólico das raízes de *Eremurus persicus* Boiss para[1] H,[13] C, DEPT e COSY-NMR. Resumidamente, 10 mg do composto puro foram dissolvidos em 0,75 ml de CDCl3 e transferidos para um tubo NMR rotulado com uma pipeta Pasteur. O tubo NMR foi colocado no espetrofotómetro NMR para medição. Os desvios químicos são indicados em partes por milhão (6) a jusante do tetrametilsilano (TMS) como padrão interno e as constantes de acoplamento são indicadas em hertz (Hz, entre parêntesis).

Composto 1:[1] H NMR (CDCl3, 300 MHz): 6 2,68 (1H, *m*, H-2), 3,04(1H, *m*, H-2), 2,26(2H, *m*, H-3), 4,92 (1H, *dd*, 5,4 Hz,H-4),7,15(1H,*d*, *J=2Hz*,H-5 ou H-7), 6,68 (1H, *d*, *J=2Hz*, H-7 ou H-5), 7.14 (H-10), 2,43 (3H, *s*, Ar-Me), 4,01 (3H,*s*, OMe), bem como um singleto de hidroxilo fenólico permutável a 15,17 (OH-9).

14.1.5.2 Análise de injeção em fluxo (FIA)

Cada composto isolado foi analisado por FIA-MS, nas mesmas condições de HPLC-MS: Tensão de pulverização 5,00 kV, tensão capilar 46 V, temperatura capilar 220° C.

EI-MS m/z: 272 [M]. Ião positivo ESI-MS m/z: 273[M+H]⁺ e ião negativo ESI-MS m/z: 271 [M-H]⁻. T.r. 27,4 (A =297nm).

14.1.5.3 Polarimetria

A atividade ótica do composto 1 foi determinada em clorofórmio, acetona e metanol. O protocolo descrito a seguir:

1) Dissolveram-se 30 mg de composto puro em 10 ml de metanol (C = 0,3%). Num tubo polarímetro com um comprimento de trajeto de 50 mm à temperatura (27° C) e comprimento de onda de 589 nm. A medição foi repetida três vezes.

2) Dissolveram-se 20 mg de composto puro em 10 ml de acetona (C = 0,2%). Num tubo polarímetro com um comprimento de trajeto de 100 mm à temperatura (26,2° C) e comprimento de onda de 589 nm. A medição foi repetida três vezes.

$[a]^{20}$ D -37,9° (c= 0,0420, CHCl3).

$[a]^{20}$ D -18,2° (c= 0,2, Acetona).

$[a]^{20}$ D -18,5° (c= 0,3, Me-OH).

4.2 Ensaios biológicos

4.2.1 Atividade de eliminação de radicais livres

A atividade de eliminação da radiação livre (FRS) dos extractos foi determinada utilizando o método da radiação 2,2-difenil-1-picrilhidrazila (DPPH) (Papetti A et al. 2002). Resumidamente, os extractos secos e o padrão (chá verde) foram dissociados em MeOH a uma concentração de 10 mg/ml; as soluções de reserva foram então diluídas em MeOH duas vezes. A mistura de reação foi preparada adicionando 100 pl de cada solução de extrato (ou solução padrão) a 3,9 ml de solução de DPPH, preparada de fresco, dissolvendo o DPPH em metanol/KH2PO4 e tampão NaOH (50/50 v/v) a uma concentração de $6x10^{-5}$ M, dando soluções de teste a uma concentração final de 250, 125, 62,5, 31,25, 15,62, 7,81 pg/ml. Após 30 minutos de incubação à temperatura ambiente, a absorvância foi medida a 515 nm por um espetrofotómetro UV-Visível (Lambda 25 UV/VIS spectrometer, Perkin Elmer instruments, Massachusetts, EUA).

A FRS foi expressa em percentagem em relação ao controlo, constituído por 3,9 ml de solução de DPPH e 100 pl de metanol. A percentagem de inibição do radical DPPH pela solução de ensaio foi calculada utilizando a seguinte fórmula

FRS%= [(Controlo de Abs - Amostra de Abs) / Controlo de Abs] x100. Cada solução foi preparada em triplicado. As análises foram efectuadas em triplicado e os resultados são expressos como média ± SE.

4.2.2 Ensaio de Folin-Ciocalteau

A determinação quantitativa do teor de polifenóis totais do extrato baseia-se no ensaio de Folin Ciocalteau. Trata-se de um ensaio espetrofotométrico efectuado de acordo com o método descrito por (Singleton et al.1999) ligeiramente modificado.

O Folin-Ciocalteau é uma solução amarela de tungstato de sódio (Na_2WO_4 - H_2O), molibdato de sódio ($NaMoO_4$ - H_2O), sulfato de lítio ($LiSO_4$), ácido fosfórico (H_3PO_4), ácido clorídrico (HCl) e bromo (Br).

O método de Folin-Ciocalteau consiste na redução de um reagente fosfotúngstico-fosfomolíbdico num meio ligeiramente alcalino. Os produtos da redução do óxido metálico têm uma cor azul que apresenta uma absorção luminosa alargada com um máximo a 765 nm. A intensidade de absorção da luz a esse comprimento de onda é proporcional à concentração de fenóis.

O ácido gálico é utilizado como padrão.

A linha de calibração foi construída na gama de concentrações entre 1 pg / ml - 5 pg / ml.

Preparação de reagentes

Reagente de Folin-Ciocalteau: 1 ml de reagente até à marca com 10 ml de H_2O desionizada e O Folin - Ciocalteau é mantido num frasco escuro ao abrigo da luz.

Na_2CO_3 20% (p / v): 20g de Na_2CO_3 são dissolvidos em 100 ml de H_2O. Et-OH 10% (v / v): 10 ml de Et-OH concentrado são levados a 100ml de volume com H_2O desionizada.

Procedimento

A mistura de reação é constituída por:

- 1 ml de solução do padrão de referência ou da amostra solubilizada em Et-OH a 10%.

- 6 ml de H_{20} desionizado.

- 500 pL de Folin-Ciocalteau.

A mistura é agitada e deixada a reagir durante 3 minutos, sendo depois adicionada

- 1,5 ml de Na_2CO_3 20% p / v.

Finalmente, completar o volume com 10 ml de água desionizada.

O frasco deve ser parado e armazenado no escuro durante duas horas à temperatura ambiente. Os extractos das plantas são diluídos na medida do necessário para garantir que as concentrações de polifenóis estão incluídas no intervalo da curva de calibração do padrão. Após o tempo de espera, procede-se à leitura espectrofotométrica.

Os valores são determinados por absorvância a 760 nm, contra um branco contendo 1 ml de Et-OH 10%, em substituição do padrão ou da amostra.

Os valores de absorvância são correlacionados com as respectivas concentrações, de forma a permitir a construção da reta de calibração. A reta que interpola os dados experimentais é obtida com o método dos mínimos quadrados e é apresentada com uma linha contínua:

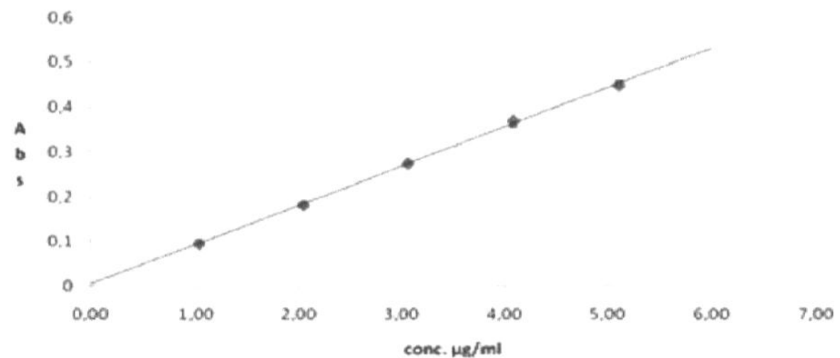

A equação da curva de calibração é

$$y = 0,\ 0876(7)\ x + 0,006(2)$$

As análises foram efectuadas em duplicado. O teor total de polifenóis nas amostras individuais é expresso em % (w / w) de ácido gálico.

4.2.3 Avaliação anti-inflamatória

O ensaio de proliferação in *vitro* de células mononucleares do sangue periférico humano (hPBMC) foi efectuado conforme descrito anteriormente por (Bernardo M.E et al 2007). Resumidamente, as hPBMC foram separadas por centrifugação Ficoll-Hypaque a partir de sangue periférico de dadores saudáveis e ressuspendidas em meio RPMI 1640 (Gibco-BRL, Life Technologies) suplementado com 10% de soro bovino fetal (FCS) (Euroclone, Celbio). As hPBMC foram cultivadas na presença de doses em série de extractos etanólicos de *Eremurus*, *E.*Persicus e *E.Spectabilis* (de 800 a 12 pg/ml) ou de um composto isolado de extractos etanólicos de *E.Persicus* Boiss (de 400 a 6,2 pg/ml) ou de meio (células de controlo), com ou sem PHA (4pg/ml; PHA-L; Roche, Mannheim, Alemanha). Após 3 dias de incubação a 37°C numa atmosfera humidificada a 5% de CO2, dezoito horas antes da colheita, foram adicionados a cada poço 25 pCi/poço de 3H-timidina (3HTdR) Amershampharmacia Biotec, Milão, Itália). A radioatividade foi medida (TopCount, Packard Instrument) e os resultados foram expressos como índice de estimulação (SI= cpm de culturas simuladas/cpm de culturas não estimuladas.

A mesma condição de cultura foi efectuada para recolher sobrenadantes para a medição de citocinas. Os sobrenadantes foram recolhidos e mantidos a -20°C até à quantificação.

Medição de citocinas por ELISA

A concentração de TNF-a no sobrenadante foi quantificada por ELISA utilizando pares de anticorpos monoclonais (Pierce Endogen, Rockford, IL, EUA). Resumidamente, as placas (Corning Costar) foram revestidas com anticorpos purificados nas concentrações adequadas. As curvas-padrão foram preparadas com citocina humana recombinante (Pierce Endogen). Foram adicionados anticorpos marcados com biotina (Pierce Endogen) e utilizou-se estreptavidina conjugada com HRP (Pierce Endogen) para desenvolver as reacções. As placas foram lidas a 450 nm (Titertek Plus MS 212M).

4.2.4 Ensaio MTT

As linhas de células tumorais foram cultivadas em frascos durante vários dias numa incubadora a 37°C com atmosfera humidificada adicionada de 5% de CO2, mudando o meio de crescimento líquido sempre que necessário. Quando uma cultura de células atingiu a confluência, foi adicionada uma pequena quantidade de tripsina ao meio para separar as células do frasco; após 3 minutos de incubação a 37°C, foi adicionado 1 ml de FBS para parar a ação da tripsina e evitar a degradação da membrana das células. O meio contendo as células foi então transferido para um coador de células e centrifugado a 1000 rpm durante 10 min. O pellet obtido foi ressuspendido em 1 ml de meio de crescimento, as células foram separadas utilizando uma pipeta automática e contadas utilizando uma câmara de contagem e azul de tripan como corante (teste de exclusão do azul de tripan). Após uma diluição adequada, as células separadas foram colocadas em microplacas de fundo plano de 96 poços a uma densidade de 3x103 células em 100 pL de meio de crescimento em cada poço. Após 2 h de incubação, o meio de crescimento foi substituído por 100 µL de meio de ensaio e a microplaca foi deixada na incubadora durante 24 h. A amostra a ensaiar foi preparada de acordo com um gradiente de concentração, como indicado a seguir.

Solução de reserva: 16 mg/mL (dissolvido em DMSO)

CONTROLO: meio de ensaio + 2,5% DMSO

600 µg/mL: 975 µL meio de ensaio + 25 µL solução-mãe

60 µg/mL: 900 µL meio de ensaio + 100 µL de 600 µg/mL solução

6 µg/mL: 900 µL meio de ensaio + 100 µL de 60 µg/mL solução

0,6 µg/mL: 900 µL meio de ensaio + 100 µL de 6 µg/mL solução

0,06 µg/mL: 900 µL meio de ensaio + 100 µL de solução 0,6 µg/mL

O meio de ensaio puro nos poços foi substituído por 100 µL de meio de ensaio contendo o gradiente de concentração de amostra necessário. A microplaca foi então submetida a uma nova fase de incubação durante 24 horas, após a qual o meio contendo a amostra foi substituído por 100 µL de meio de ensaio fresco e 20 µL de MTS. Após 2 horas de incubação, a absorvância foi medida a 490 nm de comprimento de onda com um leitor de placas. Foram efectuadas cinco repetições de cada teste para cada teste e diluição.

Meio de crescimento: RPMI 1640, L-Glutamina, penicilina e estreptomicina, 10% de soro fetal bovino (FBS);

Meio de ensaio: RPMI 1640, L-Glutamina, penicilina e estreptomicina.

4.2.5 Atividade antifúngica

Produtos químicos, culturas de fungos e suspensão:

Todos os extractos das seguintes espécies de plantas *Eremurus, Eremurus persicus* Boiss e *E.spectabilis* M.Bieb foram testados contra estirpes de fungos para avaliar a atividade antimicótica. As estirpes fúngicas pertencem às seguintes espécies: Candida albicans (C.P. Robin) Berkhout, Trichophyton rubrum (Castell.) Sabour, Microsporum canis E. Bodin ex Gueg, Aspergillus niger Tiegh, Pyricularia grisea Sacc.

Os fungos foram mantidos em Sabouraud (1 litro de água destilada, 30 g de glucose e 10 g de peptona). As suspensões foram preparadas a partir de culturas com 24 horas de idade, no caso de Candida, e de culturas com uma semana de idade, no caso das outras espécies.

Protocolo: A atividade antifúngica dos extractos foi avaliada através do método de microdiluição em placas de 96 poços (Gadd, 1986; CLSI, 2008a, 2008b). Depois de se comprovar que os extractos eram solúveis em água, foram preparadas diluições em série dos extractos diretamente utilizando SAB inoculados com o fungo testado. Foram utilizadas as seguintes concentrações: 1, 0,5, 0,25, 0,125, 0,06, 0,03, 0,015, 0,007, 0,003 mg/ml. Foi distribuído um volume de 50 pl de diluições em cada poço. Foram efectuadas três réplicas para cada teste e diluição. As placas inoculadas foram incubadas a 37°C para Candida albicans e a 27°C para as outras espécies. A CIM (concentração mínima de inibição) foi detectada após 24 horas no caso de C. albicans e A. Niger; para as outras espécies, a CIM foi registada após 5 dias.

A MFC (concentração fungicida mínima) foi detectada transferindo o inóculo inicial dos poços onde não se observaram crescimentos fúngicos para extrair meio fresco livre.

Capítulo 5

5. Resultados e discussão

Atualmente, no Curdistão, a medicina tradicional à base de plantas está muito difundida nas cidades, aldeias e zonas rurais. Para além de um estudo recente sobre a utilização de corantes naturais e a transferência de conhecimentos entre tribos nómadas na província de Erbil, não foram realizados até agora quaisquer estudos etnobotânicos no Curdistão (Mati E et al. 2010). Os mercados locais (*bazares*) têm sido reconhecidos como locais que reflectem a cultura regional, uma vez que sintetizam a cultura e o comércio de uma região, dando uma visão rápida das tradições e dos produtos medicinais comercializados. Por esta razão, a equipa de investigação do PROKURDUP decidiu comprar num mercado local algumas drogas vendidas como remédios medicinais.

Mesmo que a compra de um medicamento à base de plantas no mercado local seja mais conveniente do que a sua recolha na natureza, muitas vezes os produtos à base de plantas vendidos no mercado não estão devidamente rotulados. É o caso do medicamento denominado "*Eremurus*", adquirido por nós no mercado de Sulaymaniyah. O rótulo não continha qualquer especificação da espécie.

Com o objetivo de identificar as espécies contidas na droga vendida no mercado local, o primeiro passo deste trabalho foi a recolha das espécies de *Eremurus* mais difundidas no território iraniano/iraquiano e utilizadas na medicina curda para o tratamento de várias doenças desde a antiguidade (O livro AL-Abadan Canon *Avicenna*). Foram recolhidas duas espécies diferentes de *Eremurus* nas montanhas GulestanKuh e KaniMeran. O espécime foi depositado no Herbário da EducationSalahaddinUniversity (Hawler/Iraque), para identificação e classificação. O estudo botânico efectuado no material vegetal levou à identificação das duas espécies recolhidas como *Eremurus persicus* Boiss e *Eremurus spectabilis* M.Bieb, respetivamente.

Tanto quanto é do nosso conhecimento, não foi relatada na literatura qualquer avaliação científica do conteúdo fitoquímico, bem como das actividades biológicas dos extractos de raízes de *Eremurus persicus* Boiss. Até à data, os relatórios publicados sobre o Eremurus *Spectabilis* M.Bieb são limitados (karaman K et al. 2011, Vala M.H et al. 2011).

A fim de avaliar as alegações populares das raízes de *Eremurus*, foi efectuado um rastreio fitoquímico e biológico preliminar nos dois medicamentos recolhidos, bem como no medicamento comprado no mercado.

Foram preparados diferentes extractos dos três fármacos (*Eremurus, E. persicus* e *E. spectabilis*) e avaliadas as suas propriedades biológicas, aplicando a abordagem etnobotânica moderna que sugere, em primeiro lugar, a realização de bioensaios preliminares em extractos vegetais brutos e, em seguida, o seu fracionamento orientado para a bioatividade, com vista à obtenção dos compostos activos.

Como mostra a figura 2, a adição de água (ou metanol 70%) ao fármaco deu origem à gelificação do sistema. Isto deve-se provavelmente à presença de alguns emulsionantes, de acordo com alguns dados da literatura que referem que as plantas pertencentes ao género *Eremurus podem* conter glucomanano. (Por esta razão, a água e a mistura de metanol 70% foram descartadas.

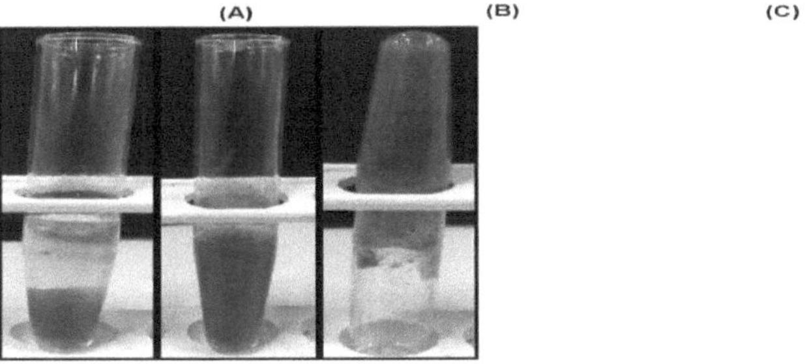

Figura 2.A: Adição de água ao fármaco; B: Suspensão após agitação; C: Gelificação do sistema (após 5 min).
do sistema (após 5 min).

Por conseguinte, decidimos modificar o protocolo de extração utilizando os seguintes solventes de extração: acetato de etilo, clorofórmio e etanol.

O etanol foi utilizado em vez do metanol porque é menos tóxico e mais amigo do ambiente do que o metanol. Esta escolha está de acordo com os princípios da química verde e em conformidade com as directivas europeias relativas aos produtos para uso humano.

Considerando as quantidades de cada droga em estudo, as experiências preliminares para a definição das condições de extração foram realizadas com a droga *Eremurus* adquirida no mercado, que era a mais abundante. A fim de remover a gordura da droga imediatamente antes de realizar a extração, foi também aplicado um protocolo que envolveu um pré-tratamento da droga com éter de petróleo, tal como descrito na literatura (Iqbal M et al. 2005).Com base nas nossas experiências anteriores (Gaggeri R et al. 2010,2012), a droga foi então submetida ao protocolo de extração, utilizando maceração dinâmica à temperatura ambiente. De facto, neste rastreio preliminar destinado a explorar a influência do solvente na extração, esta técnica de extração simples foi aplicada mantendo constante a relação fármaco/solvente (5% p/v), bem como o tempo (1 hora sob agitação mecânica).

Cada procedimento de extração foi repetido três vezes e o rendimento de cada extrato seco foi calculado em termos de percentagem do peso original da droga. A Tabela 2 apresenta os rendimentos percentuais para cada tipo de extrato, como a média das três repetições.

Tabela 2. Rendimento de extração (%) de diferentes extractos.

Medicamentos	Solvente	% Rendimento (w/w)
	Acetato de etilo	0.49
Erem u ru s	Clorofórmio	0.65
	Etanol	2.82

Como se pode ver na tabela, a utilização de etanol como agente de extração conduziu ao rendimento de extração mais elevado. Tendo em conta o rendimento da extração, bem como a avaliação toxicológica, o etanol foi então escolhido como solvente de extração.

A fim de otimizar as condições de extração, foram realizadas outras experiências variando o procedimento de extração. Foram experimentadas a maceração dinâmica durante a noite e a extração com solvente assistida por micro-ondas (MASE). Os rendimentos calculados são apresentados na tabela 3.

Tabela 3. Rendimento de extração (%) de diferentes extractos.

Medicamentos	Processo de extração, tempo	% Rendimento (w/w)
Erem u ru s	Maceração, 1h	2.4
	Maceração, durante a noite	3.7
	MASE, 20 min	9.2

5.2 Preparação de extractos

Após a preparação do procedimento de extração, foram adoptadas as mesmas condições experimentais para a preparação dos extractos etanólicos de *Eremurus persicus* e *Eremurus spectabilis*. As extracções MASE e ME foram realizadas tanto com as drogas pré-tratadas de *Eremurus persicus* como de Eremurus *spectabilis*. Após filtração e evaporação do solvente, os rendimentos foram calculados e apresentados no Quadro 4.

Tabela 4. Rendimento de extração (%) de diferentes extractos.

Medicamentos	Processo de extração, tempo	% Rendimento (w/w)
Eremurus rersicus	Maceração, durante a noite	10.0
	MASE, 20 min	27.0
Eremurus spectabilis	Maceração, durante a noite	3.3
	MASE, 20 min	12.0

Uma vez que todos os extractos preparados apresentavam resíduos higroscópicos de cor escura (castanha a preta), foi aplicada uma purificação para melhorar as suas características físicas, utilizando carvão vegetal, tal como previamente referido na literatura (Iqbal M et al. 2005). A perda de peso foi calculada e o valor médio gira em torno de 7,7%. Sucessivamente, um tratamento com Polivinilpirrolidona (PVP) foi usado para remover taninos, uma vez que é relatado que eles são principalmente onipresentes em drogas vegetais e podem interferir em alguns ensaios biológicos (Makkar H.P.S. et al. 1992). O método adotado baseou-se na pesagem do extrato antes e depois do tratamento com polivinilpirrolidona insolúvel (PVP). A PVP é capaz de ligar e remover taninos (Loomis e Battaile 1966) e, por conseguinte, a diferença de peso é devida aos taninos. Após o tratamento, verificou-se uma perda de peso de 0,65%.

Após cada etapa do protocolo de purificação, foi efectuada a análise TLC.

5.2 Caracterização fitoquímica dos extractos

Todos os extractos preparados (antes e depois do protocolo de purificação) foram analisados por Cromatografia em Camada Fina (CCF) para um rastreio preliminar qualitativo da sua composição fitoquímica. Com este objetivo, foram utilizadas duas fases móveis diferentes adequadas para a análise de compostos polares (glicosídeos) e compostos alifáticos (agliconas). A inspeção visual das placas TLC sob uma lâmpada UV a 254 e 365 nm com um reagente específico revelou a presença de numerosos pontos, como esperado. É de salientar que os extractos tratados com carvão vegetal e PVP apresentaram perfis TLC sobrepostos aos respectivos extractos brutos, indicando que o protocolo de purificação adotado não afectou significativamente a impressão digital fitoquímica.

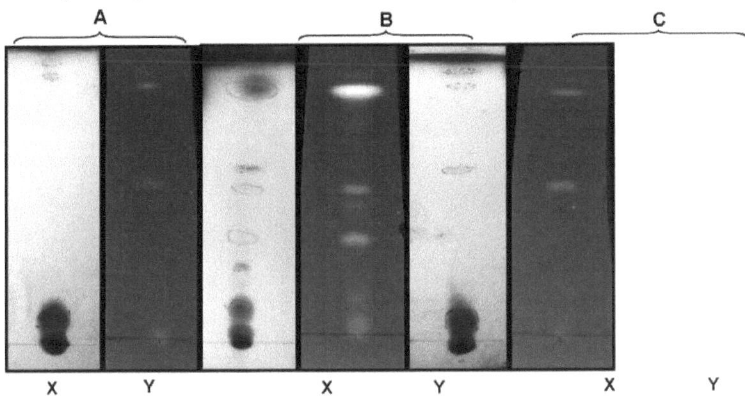

Figura 3: Cromatograma TLC de A: *Eremurus*; B: *E.persicus* e C:*E.spectabilis*. X: com spray (cério) Y: sob UV (365 nm). Fase móvel: Et-OAC: Me-OH: H₂ O (100:13.5:10).

Curiosamente, a comparação dos perfis TLC mostrou que a mancha principal dos três extractos tem o mesmo fator de retenção a 0,85 sob (UV 365nm), com maior fluorescência em *E.persicus* relativamente a *Eremurus* e *E.spectabilis*. Além disso, o extrato de *E. persicus* apresentou uma outra mancha intensa a 0,33 que está ausente nos perfis TLC de *Eremurus* e *E.spectabilis*. Em geral, a semelhança dos perfis TLC de *Eremurus* e *E.spectabilis* sugere que podem ter uma impressão digital fitoquímica semelhante. Por conseguinte, podemos colocar a hipótese de que *E.spectabilis* é a principal espécie presente no medicamento *Eremurus* adquirido no mercado.

A fim de comparar o teor fitoquímico de cada extrato, foi desenvolvido um método cromatográfico rápido utilizando um cromatógrafo líquido de alta resolução com detetor de arranjo de fotodíodos ultravioleta (HPLC-UV-PAD) acoplado em linha a um detetor de dicroísmo circular (CD), que é uma ferramenta poderosa para a deteção rápida de compostos quirais que ocorrem naturalmente em extractos brutos (o método é descrito na secção experimental). Entre as colunas testadas, a Chromolit Speed-ROD RP-18 (50 mm x 4,6 mm), fabricada a partir de uma única peça de gel de sílica polimérica de elevada pureza, combinada com a eluição por gradiente, deu origem aos melhores resultados em termos de resolução dos picos e de tempo de análise. Este procedimento foi aplicado com sucesso para obter o perfil analítico de todos os extractos preparados, bem como para um rastreio analítico rápido antes dos ensaios biológicos. Curiosamente, os perfis cromatográficos dos extractos etanólicos obtidos por MASE ou por maceração de cada fármaco são comparáveis, sugerindo que a técnica de extração afecta o processo de extração apenas em termos de rendimento.

Comparando os cromatogramas HPLC-UV-PAD dos três extractos adquiridos em diferentes comprimentos de onda na gama de 210-400 nm e os espectros UV de cada pico principal, verificou-se que 297 representa melhor o perfil dos constituintes principais. A figura 4 apresenta um cromatograma HPLC-PAD e HPLC-CD representativo (297 nm) para cada extrato etanólico, juntamente com os espectros UV dos picos principais.

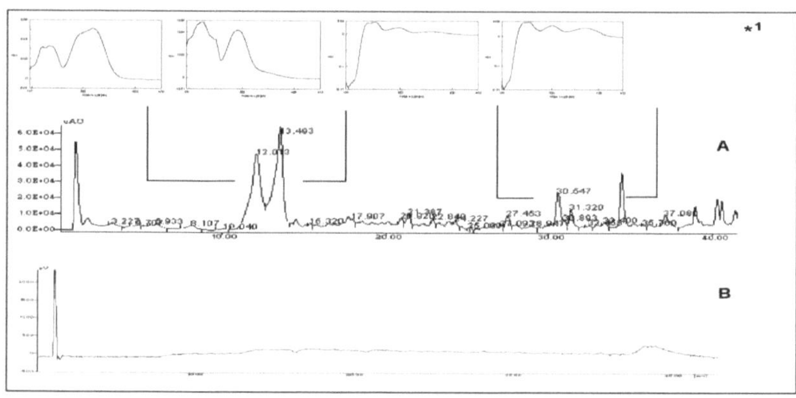

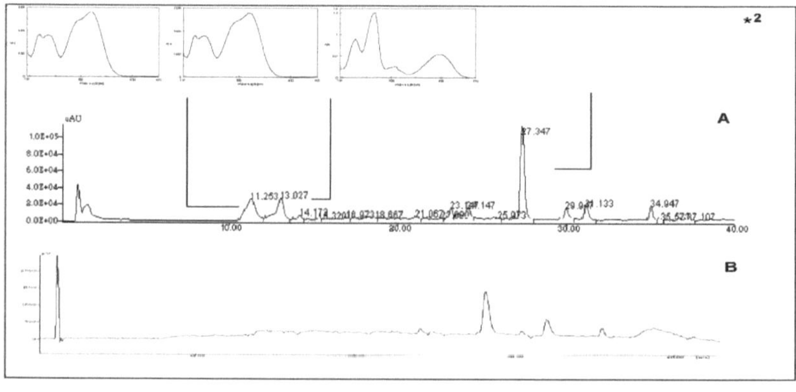

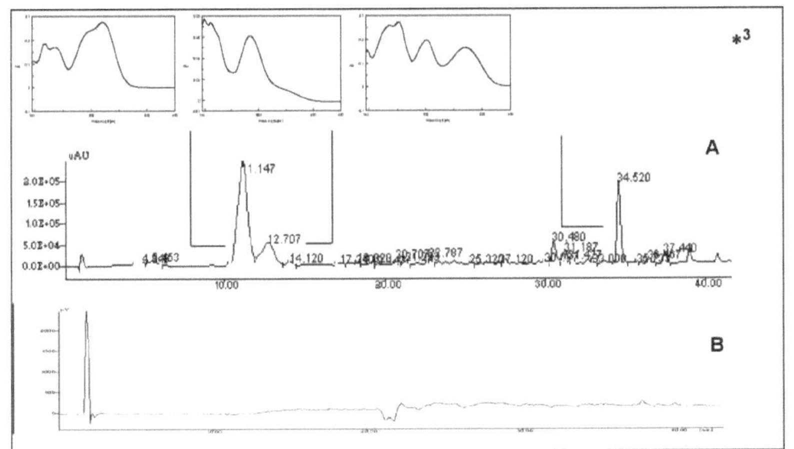

Figura 4. Cromatograma HPLC-UV/PAD/CD (297 nm) de extractos etanólicos de raízes de *¹ **Eremurus***² *E.persicus* e *³
E.spectabilis. A: Traço UV (com espectros UV de cada pico principal); **B**: Traço CD.

O método de HPLC optimizado permitiu-nos traçar a impressão digital analítica de cada extrato, que revelou a presença de picos visíveis, alguns dos quais com o mesmo tempo de retenção. Em particular, dois picos iniciais com RT de 11,1 a 13 estão presentes em todos os cromatogramas, com maior intensidade nos extractos de *Eremurus* e *Eremurus spectabilis*. Os perfis de espectros UV quase idênticos destes dois picos sugerem que podem pertencer à mesma classe fitoquímica. Em pormenor, apresentaram um máximo a 220, 295 e 320 nm (Figura 4a). Por outro lado, são detectáveis algumas diferenças nos três perfis cromatográficos. É de salientar que, a 297 nm, o perfil cromatográfico do *Eremurus persicus* apresenta um pico intenso a 27,4 min, que não está presente no cromatograma do *Eremurus spectabilis*. Analogamente, no mesmo comprimento de onda, o perfil de *Eremurus spectabilis* apresenta um pico principal aos 34,5 minutos, que não está presente no perfil de *Eremurus persicus*. Curiosamente, parece que ambos os picos estão presentes no cromatograma do extrato de *Eremurus* obtido pelo medicamento adquirido no mercado. Além disso, o acoplamento em linha do detetor de CD permitiu obter diretamente o sinal de CD dos picos resolvidos, fornecendo assim informações úteis sobre as suas propriedades quiropáticas. Os cromatogramas HPLC/CD registados a 297 nm permitem-nos saber que os dois picos iniciais (comuns aos três extractos) não são opticamente activos. Por outro lado, no cromatograma HPLC-CD do *Eremurus persicus,* o pico principal (t.r. 27,4), bem como os picos 29,9 e 31,2, apareceram como sinais negativos, sugerindo que todos eles estavam presentes no extrato sob forma enantiomérica.

Sucessivamente, foram efectuadas análises HPLC UV MS/MS. Até à data, a HPLC acoplada à espetrometria de massa em tandem com ionização por electrospray tem sido uma técnica poderosa para a identificação rápida de constituintes químicos em extractos de plantas. De facto, esta técnica combina as informações obtidas simultaneamente pelos detectores UV e MS para cada composto eluído num curto espaço de tempo e, consequentemente, acelera a deconvolução do conteúdo de um fitocomplexo. Em particular, os componentes de um fitocomplexo podem ser identificados ou caracterizados provisoriamente com base nos padrões de fragmentação da espetrometria de massa em tandem e referindo-se a dados da literatura ou a padrões de referência disponíveis (Kang J et al. 2008). Finalmente, a elevada sensibilidade da MS como detetor de LC facilita a descoberta de constituintes menores, que são difíceis de detetar por meios convencionais (Han J et al. 2008).

O método optimizado HPLC-UV-PAD-CD foi transferido para o HPLC-DAD-ESI- MS, utilizando as mesmas condições de eluição.

As condições do espetro de massa foram optimizadas nos modos de iões positivos e negativos, tendo-se verificado que o modo de iões positivos era mais sensível. A figura 5 mostra os traços HPLC-ESI-MS dos três extractos.

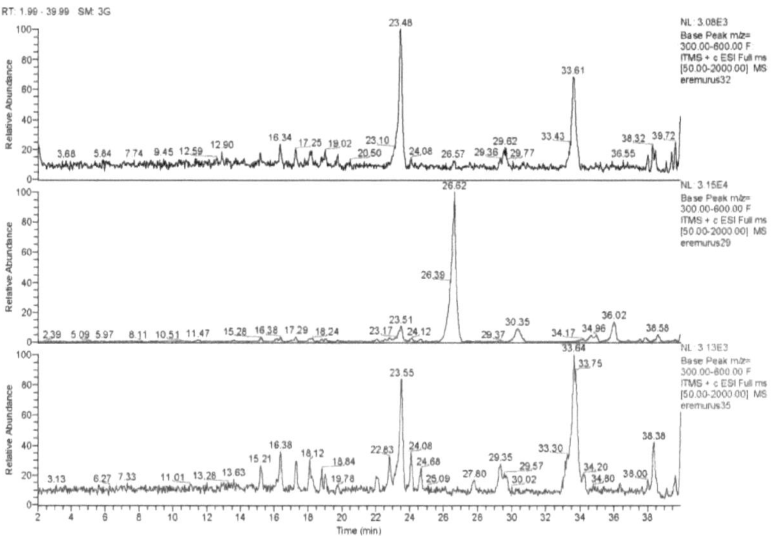

Figura5: HPLC-ESI-MS (iões positivos) de *Eremurus, Eremurus persicus* e *Eremurus spectabilis* (de cima para baixo, respetivamente)

Como evidenciado na figura 5, os perfis positivos dos picos de base ESI-MS dos extractos de *Eremurus* e *E.spectabilis* são muito semelhantes, uma vez que são caracterizados por dois picos mais abundantes a 23,5 e 33,7 min; enquanto o perfil MS de *E.persicus* apresenta um pico principal a 26,6 min. Estes dados estão de acordo com os resultados obtidos anteriormente com as análises HPLC-PAD-CD. As pequenas diferenças nos tempos de retenção (< 1,2 min mais ou menos) são justificadas pela utilização de dois instrumentos diferentes.

Uma vez que o principal objetivo deste estudo era elucidar a composição da droga vendida no mercado de Sulaymaniyah denominada *Eremurus*, foram realizadas experiências de HPLC-MS^{n} em cada pico principal detectado nos cromatogramas de *Eremurus, E.persicus* e *spectabilis*.

A partir do perfil de *E.persicus*, o padrão de fragmentação MS do pico principal (26,6 min) mostrou o ião molecular [M+H]$^{+}$ a m/z 273 e 567 ([2M+Na]$^{+}$), dando o peso de massa 272. O cromatograma de massa a 273 m/z mostra o mesmo composto também em *Eremurus* e *E.spectabilis*, ainda que com intensidade muito baixa (figura 6).

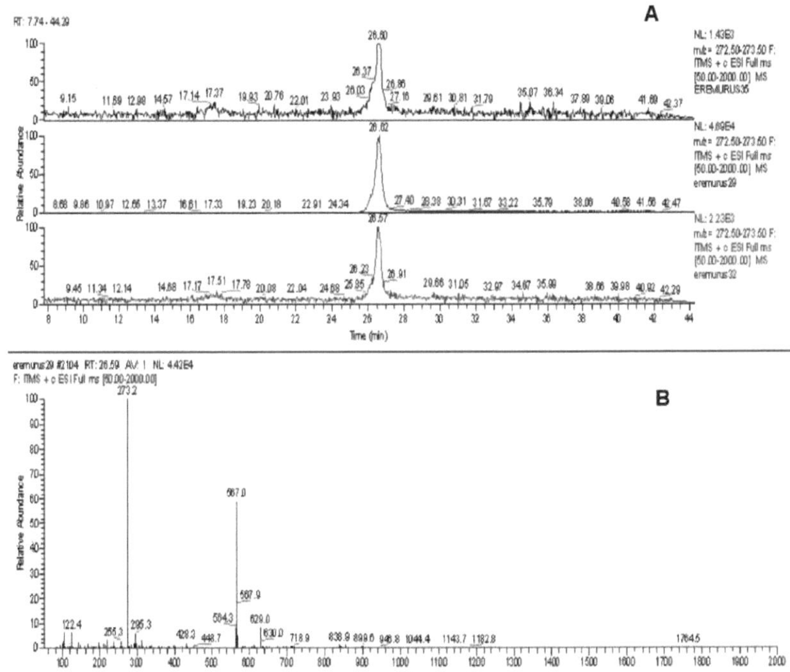

Figura6.A: Traços HPLC-ESI-MS m/z 273 de *Eremurus, Eremurus persicus* eEremurus *spectabilis* (de cima para baixo, respetivamente). **B:** Espectro ESI-MS do pico 26.6 (modo de ião positivo, varrimento total). Relativamente ao perfil do Eremurus *spectabilis* e do *Eremurus,* os dois picos principais (23,3 e 33,6 r.t.) foram investigados através de experiências MS e MS/MS.

Com base nos espectros de modo de iões positivos e negativos do ESI-MS (ver figura 7), podemos concluir que o composto eluído a 23,5 r.t. tem um peso molecular de 434 Da.

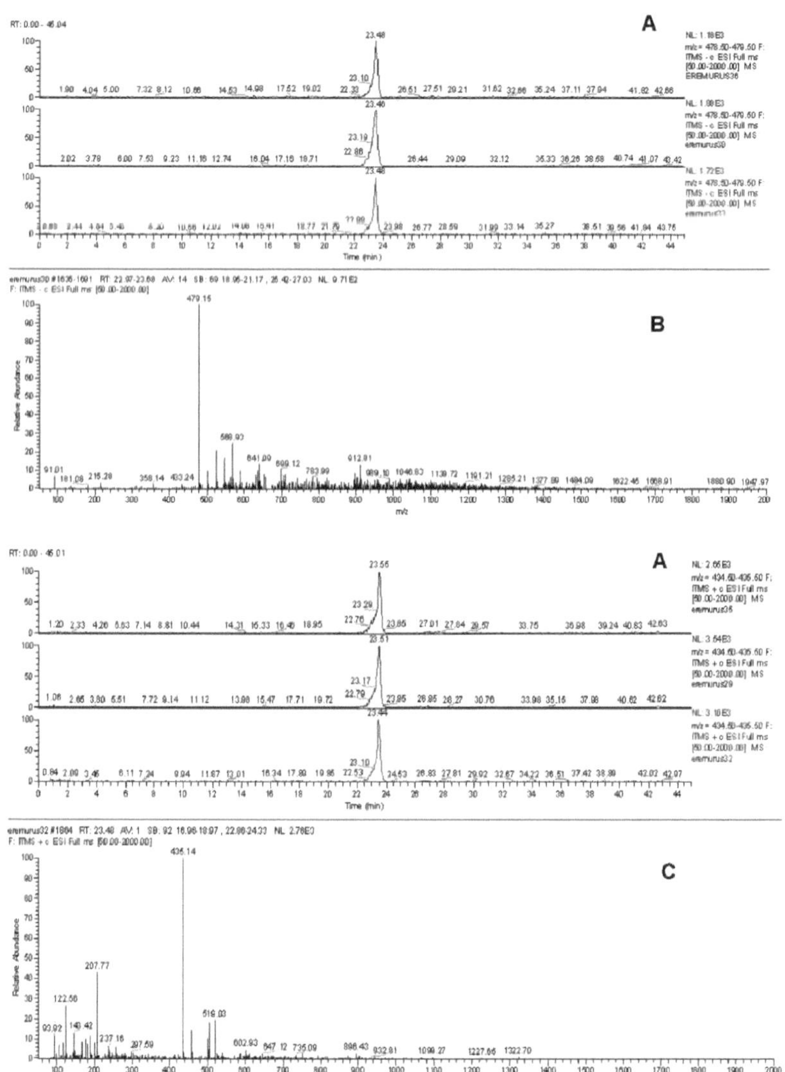

Figura7.A: Traços HPLC-ESI-MS m/z 435 e m/z 479 de *Eremurus, Eremurus persicus* e *Eremurus spectabilis* (de cima para baixo, respetivamente). **B: Espectro** ESI-MS do pico 23.6 (modo ião positivo, varrimento total). **C: Espectro** ESI-MS do pico 23.6 (modo de iões negativos, varrimento completo).

Este composto está presente tanto no *Eremurus como* no *E.spectabilis*; está também presente no *E.persicus* numa concentração baixa.

Relativamente ao pico 33.6 r.t., as fragmentações MS e MS/MS permitem-nos saber que o [M+H]$^{+}$ em m/z 541 está presente em E.*spectabilis*, bem como em *Eremurus* com intensidade semelhante. Por outro lado, está ausente em *E.persicus*, como se pode ver na figura 8.

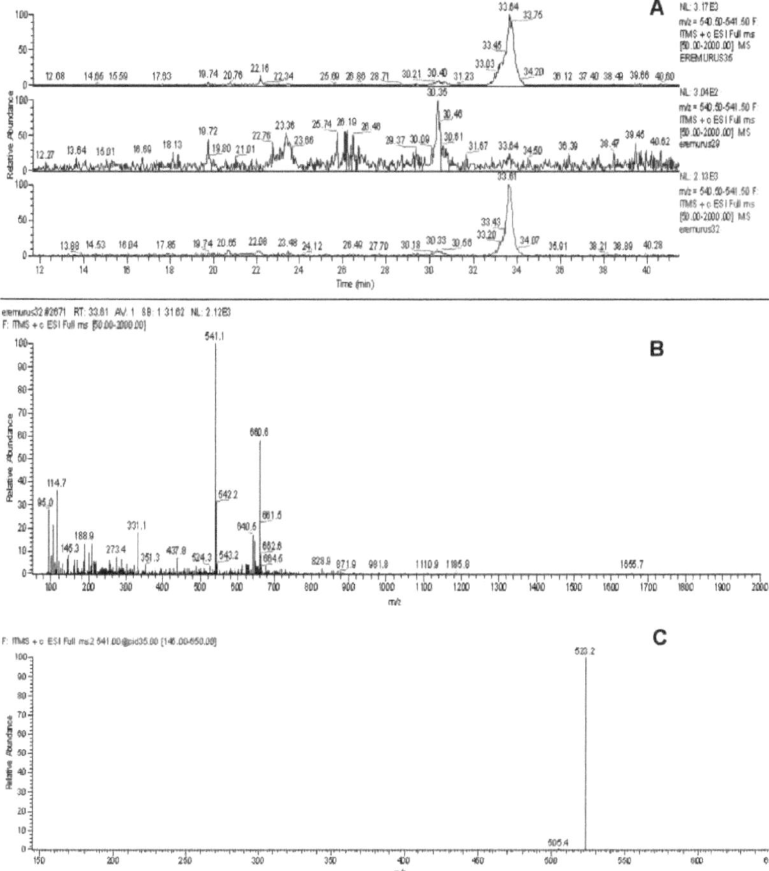

Figura 8.A: Traços HPLC-ESI-MS m/z 541 de *Eremurus, Eremurus persicus* e *Eremurus spectabilis* (de cima para baixo, respetivamente). **B:** Espectro ESI-MS do pico 33.6 (modo iónico positivo, varrimento total). **C: Espectro** MS/MS do pico 33.6 (modo iónico positivo, varrimento total).

Os resultados analíticos globais alcançados até agora evidenciaram claramente que os extractos etanólicos de *Eremurus* e *E.spectabilis* possuem uma impressão digital qualitativa muito semelhante, caracterizada pelos mesmos picos principais, que também estão presentes em quantidades comparáveis. Por outro lado, o extrato de *E.persicus* difere dos outros dois, devido à ausência do composto eluído a 33,6 r.t. (mw: 540Da). Além disso, apresenta um pico mais intenso aos 26,6 min (mw: 272 Da).

5.3 Caracterização biológica

Todos os extractos preparados foram submetidos a uma caraterização biológica. A nossa abordagem consistiu em investigar as propriedades biológicas estritamente relacionadas com as utilizações medicinais *do Eremurus* descritas na medicina curda, uma vez que o principal objetivo deste trabalho era a avaliação destas alegações.

Tal como referido na secção Introdução, as raízes de *Eremurus* eram utilizadas principalmente na medicina tradicional curda como remédio antiflamatório (*E.persicus* e *E.spectabilis*) e antifúngico (*E.spectabilis*). Assim, estas duas actividades biológicas foram investigadas através da realização de diferentes ensaios *in vitro*. No que diz respeito à atividade anti-inflamatória, foi efectuada uma triagem preliminar de todos os extractos, testando o seu efeito de eliminação de radicais livres (FRS), dado que as espécies reactivas de oxigénio (ROS) estão envolvidas na inflamação induzida pelo TNFa (Young C.N et al. 2008). Os extractos mais interessantes em termos de efeito FRS foram então seleccionados para serem investigados mais aprofundadamente relativamente às suas propriedades bloqueadoras do TNFa.

5.3.1 Ensaio FRS de extractos brutos

A atividade de eliminação de radicais livres (FRS) dos extractos de *Eremurus, Eremurus persicusBoiss* e *Eremurus spectabilisM.*Bieb foi determinada utilizando o ensaio DPPH. Um extrato de chá verde disponível no mercado (com teor de polifenóis normalizado) foi utilizado como padrão de referência. O potencial antioxidante dos extractos foi inicialmente avaliado a uma concentração de reserva de 250 p,g/ml. Sucessivamente, as soluções de reserva foram diluídas em série para uma gama de 187,5 - 7,8p,g/mL (em metanol) e a sua atividade FRS correspondente foi determinada como valores percentuais. Em geral, foi evidenciada uma % de atividade FRS interessante para as três plantas (Tabela 5), uma vez que atingem um efeito máximo (E_{max}) que varia entre 65 e 68% a 250 p,g/mL. Acima desta concentração a atividade não aumenta, confirmando que o efeito máximo já foi atingido.

Tabela 5. FRS% e $_{IC50}$ de *Eremurus*, *E.spectabilis* e *E.persicus*.

Cone. i^g/mL	FRS%		
	Extrato etanólico		
	E.persicus	*E.spectabilis*	*Eremurus*
250	67.58	64.88	66.16
187.5	60.09	60.80	63.11
125	48.05	52.55	47.45
62	33.15	36.07	30.04
31.25	17.14	16.99	20.57
15.625	8.01	6.53	10.91
7.8	5.206	0.5	6.68

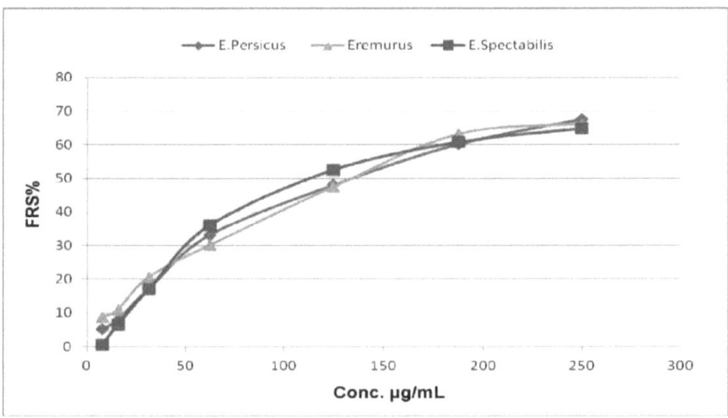

Como mostra a figura acima, os três extractos exercem um efeito anti-radicalar dose-resposta comparável, uma vez que as curvas são muito semelhantes entre si. Analogamente, os valores de IC50 são muito próximos para *E.persicus* (62,12 pg/mL), *E.spectabilis* (65,52 pg/mL) e *Eremurus* (64,03 pg/mL), confirmando que estes extractos apresentam uma atividade antirradicalar semelhante. Os valores de IC50 dos três extractos de *Eremurus* são superiores ao IC_{50} (4,6 pg/mL) do chá verde por nós selecionado como padrão, que é um extrato de folhas de chá verde disponível no mercado, caracterizado por um elevado teor (não inferior a 70%) de polifenóis, obtido através de um processo de enriquecimento posterior aplicado à droga. É bem conhecido que o chá verde possui propriedades de eliminação de radicais livres, antioxidantes e anti-inflamatórias. Estudos recentes demonstraram que os constituintes activos do chá verde são os polifenóis. De facto, os compostos fenólicos (ácidos fenólicos, flavonóides e polímeros de flavonóides) são antioxidantes bem conhecidos. São metabolitos secundários, na sua maioria omnipresentes no reino vegetal, que demonstraram ter um impacto favorável na saúde humana. Em particular, é geralmente reconhecido que podem reduzir os factores de risco de doenças cardiovasculares e, basicamente, ajudar a proteger contra os riscos ou lesões de muitas doenças crónicas. Mesmo que estes efeitos promotores da saúde possam estar estritamente relacionados com o seu potencial antirradicalar, os seus mecanismos de ação específicos ainda estão a ser elucidados (Kusirisin w et al. 2009). Dada a atividade antirradicalar observada para as três amostras, investigámos se esta se deve à presença de polifenóis nos nossos extractos. Neste sentido, foi determinado o teor fenólico total dos três extractos etanólicos. O ensaio permite uma determinação rápida e útil dos polifenóis presentes numa mistura complexa, utilizando uma técnica barata e fácil de utilizar. Os resultados, em termos de percentagem do conteúdo fenólico total em cada extrato seco, variaram entre uma média (± desvio padrão) de 44,93% (±0,28) e 49,84% (±0,54). O valor mais alto foi encontrado em *Eremurus persicus* 49,84% (±0,54), e o mais baixo em *Eremurus* (Tabela 6). Estes dados são muito semelhantes entre si e estão de acordo com os resultados anteriormente obtidos pelo ensaio de atividade de eliminação de radicais livres.

Tabela 6. Conteúdo fenólico total de *Eremurus, E.persicus* e *E.spectabilis*

Medicamentos	Teor fenólico total

Eremurus	44.93±0.28
E.spectabilis	47.23±0.12
E.persicus	49.84±0.54

Os valores são expressos em média±desvio-padrão

5.3.2 Avaliação anti-inflamatória dos extractos brutos

Tendo em conta os resultados interessantes do ensaio preliminar *in vitro*, que evidenciam que o *Eremurus*, o *Eremurus persicus* Boiss e o *Eremurus spectabilis* M.Bieb possuem um efeito de eliminação de radicais livres, os três extractos foram submetidos a uma avaliação biológica extensiva do potencial antinflamatório.

Em primeiro lugar, foi investigado o efeito inibitório de cada extrato bruto na proliferação de linfócitos *in vitro*. O ensaio de proliferação in *vitro* de células mononucleares do sangue periférico humano (hPBMC) em cultura em bloco foi efectuado conforme descrito anteriormente por (Bernardo ME et al.2007). A cultura em bloco é um método útil para avaliar a proliferação de linfócitos após *estimulação in vitro com mitogéneos* ou antigénios; a proliferação de linfócitos pode ser medida pela incorporação no ADN de $[^3 H]$ timidina adicionada 18 horas antes da colheita de células. No presente trabalho, os linfócitos de indivíduos saudáveis foram estimulados com Fitohemaglutinina A (PHA) e o efeito dos extractos etanólicos das raízes de *Eremurus*, *Eremurus persicus* Boiss e *Eremurus spectabilis* M.Biebon nas células T activadas por PHA foi avaliado em diferentes concentrações, variando de 800 a 25 pg/ml.

Os resultados, expressos em percentagem de proliferação residual, mostraram que os três extractos foram capazes de reduzir a proliferação de linfócitos PHA *in vitro de* uma forma dependente da dose, como mostra a figura 9.

Figura 9. Proliferação residual (%) de *Eremurus*, *E.spectabilis* e *E.persicus* .

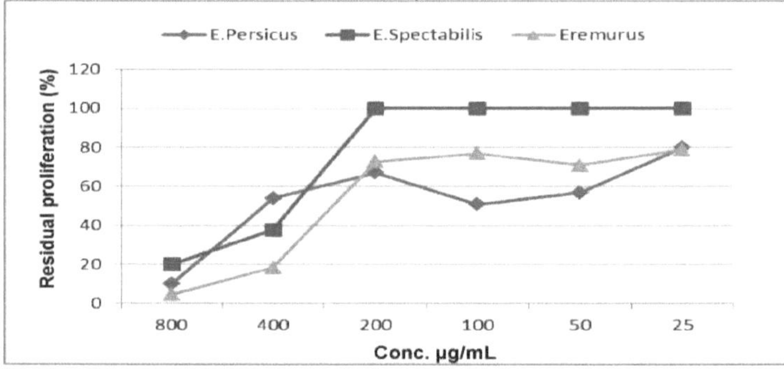

Tabela 7. Proliferação residual (%) de *Eremurus*, *E.spectabilis* e *E.persicus* .

	Proliferação residual (%)		
Cone. pg/mL	**Extrato etanólico**		
	E. persicus	*E.spectabilis*	*Eremurus*
800	10	20	4.7

400	54	38	18.5
200	60	100	73
100	51	100	77
50	57	100	71
25	80	100	79

Em particular, exerceram um efeito semelhante nas concentrações de 800 e 400 ^g/mL. É interessante notar que, em doses inferiores a 400 ^g/mL, não foi observada mais inibição para o *Eremurus spectabilis*, enquanto que para o *Eremurus* e o Eremurus *persicus a* proliferação foi restaurada acima de 25 ^g/mL. De facto, *o Eremurus* e o Eremurus *persicus* mostraram ser activos de 800 a 25 ug/mL. Estes resultados indicam claramente que os extractos etanólicos obtidos das raízes de *Eremurus* eEremurus *persicus* são mais eficazes na proliferação celular in *vitro* e, consequentemente, podemos postular um efeito mais significativo também *in vivo*.

Para confirmar que o efeito inibitório era específico e para excluir que se devia à citotoxicidade, a vitalidade das células foi também avaliada pelo ensaio MTT. Os resultados demonstraram claramente que *o Eremurus*, o *Eremurus persicus* e *o Eremurus spectabilis* não apresentaram um efeito citotóxico nas hPBMC activadas, o que indica que o efeito inibitório observado na proliferação celular não se deveu a toxicidade celular.

Com base nestes resultados, foi também efectuada a quantificação de citocinas. Os sobrenadantes obtidos a partir de hPBMC activadas *in vitro*, na presença dos três extractos e nas mesmas condições de cultura em massa, foram utilizados para quantificar os níveis de citocinas por ELISA.

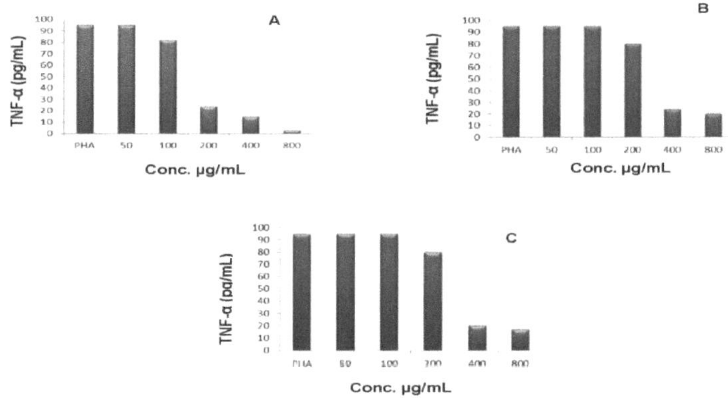

Figura 10. Níveis de TNF nos sobrenadantes de cultura de hPBMC activadas com PHA após adição de diferentes concentrações de A) *Eremurus persicus* Boiss, B) *Eremurus* e C) *Eremurus spectabilis* M.Bieb.

Tabela 8. TNF-a (pg/mL) *deEremurus, E.spectabilis* e *E.persicus*.

Cone. pg/mL	TNF-a (pg/mL)

	Extrato etanólico		
	E.persicus	*E.spectabilis*	*Eremurus*
800	3	17	20
400	15	20	24
200	24	80	80
100	82	95	95
50	95	95	95

Como mostra a figura 10, a libertação de TNF-a induzida por PHA foi significativamente reduzida (p> 0,05) pelos três extractos nas doses mais elevadas testadas (800 e 400 pg/mL). Nestas concentrações, os três extractos mostraram um efeito bloqueador de TNF-a comparável, reduzindo fortemente o nível de THF-a. A 200 pg/mL, o efeito inibidor da libertação de TNF-a foi mantido apenas pelo *E.persicus*. Além disso, os valores basais de TNF-a só foram restabelecidos na presença de *E. persicus* a 50 pg/mL, o que indica que o extrato de *Eremurus persicus* exerceu a atividade dose-resposta mais forte.

Os resultados globais indicam que todos os extractos são capazes de reduzir sensivelmente os níveis de TNFa *in vitro* em doses elevadas, enquanto apenas o extrato de *E.persicus* demonstrou claramente ser ativo em doses baixas. Estes resultados estão em conformidade com o ensaio anti-proliferativo. Em conclusão, em comparação com as outras duas amostras, podemos afirmar que *o E.persicus* é o mais ativo na inibição da proliferação das células T, bem como na libertação de TNF-a.

5.3.3 Atividade antifúngica dos extractos brutos

Os extractos etanólicos de *Eremurus*, *Eremurus persicus* Boiss e *Eremurus spectabilis* M.Bieb foram testados contra estirpes de fungos para avaliar a atividade antimicótica, seguindo as indicações etnomédicas. As estirpes de fungos pertencem às seguintes espécies: *Candida albicans* (C.P. Robin Berkhout), *Trichophyton rubrum* (Castell. Sabour), *Microsporum canis*(E. Bodin ex Gueg), *Aspergillus niger* (Tiegh), *Pyricularia grisea* (Sacc).

tabela 9: valor MIC do extrato de etanol contra estirpes de fungos.

extractos de plantas	CIM mg/ml				
	Candida albicans	Aspergillus niger	Trichophyton rubrum	Microsporum canis	Pyricularia grisea
Eremurus	>1	>1	>1	> 1	>1
E.persicus	>1	>1	>1	> 1	>1
E.spectabili	>1	>1	>1	> 1	>1

Como indicado na tabela 9, todos os testes são insignificantes, devido ao facto de a CIM ser sempre superior a 1 mg/ml. Os resultados indicam claramente que todos os extractos de raízes testados não eram activos contra as estirpes de fungos utilizadas.

Nas perspectivas futuras, o potencial antifúngico destes fármacos poderia ser investigado em profundidade, alargando o espetro das estirpes fúngicas, bem como testando diferentes extractos de cada fármaco.

5.4 Investigação fitoquímica de *Eremurus* persicusBoiss

Com base nos resultados biológicos alcançados até agora, decidimos concentrar a nossa atenção no isolamento e na elucidação estrutural dos principais fitocomponentes de *Eremurus persicus*, uma vez que o nosso objetivo final consiste em identificar novos compostos potenciais, seguindo a abordagem etnobotânica da descoberta de medicamentos. Além disso, deve ser sublinhado que ainda não foram publicados quaisquer relatórios científicos sobre extractos de raízes de *E.persicus*.

Para obter o extrato bruto em quantidades suficientes para isolar os fitocomponentes puros, procedeu-se, em primeiro lugar, ao aumento de escala do processo de extração. Nesta perspetiva, foi escolhida a técnica de extração por maceração (ME) em vez da extração por micro-ondas (MASE), uma vez que a ME é mais adequada para a extração em grande escala e de fácil utilização.

Para este efeito, 50 g de droga pré-tratada foram extraídos com um litro de etanol durante 12 horas (de um dia para o outro) sob agitação mecânica à temperatura ambiente, dando 4,2 g de extractos com um rendimento de extração igual a (8,3%). O extrato bruto seco foi então submetido ao protocolo de purificação, utilizando carvão e PVP, tal como descrito anteriormente, obtendo-se 4,0 g de extrato. A extração líquido-líquido e a cromatografia flash foram então experimentadas. No início, decidimos começar pelo isolamento do pico principal eluído a 27,4, que é o pico alvo no cromatograma de *E.persicus*, uma vez que é o mais abundante e é caraterístico da impressão digital HPLC-PAD-CD de *E.persicus*.

5.4.1 Isolamento do fitocomponente
método 1

A extração líquido-líquido foi realizada suspendendo 1g do extrato bruto em água (300mL), que foi depois extraído com diclorometano (300mL). O procedimento de extração foi repetido três vezes. O rendimento total do processo foi calculado em cerca de 2% (w/w). A fração de DCM obtida (20mg) foi submetida a análise por HPLC-UV-PAD para um controlo qualitativo do conteúdo (Fig. 11).

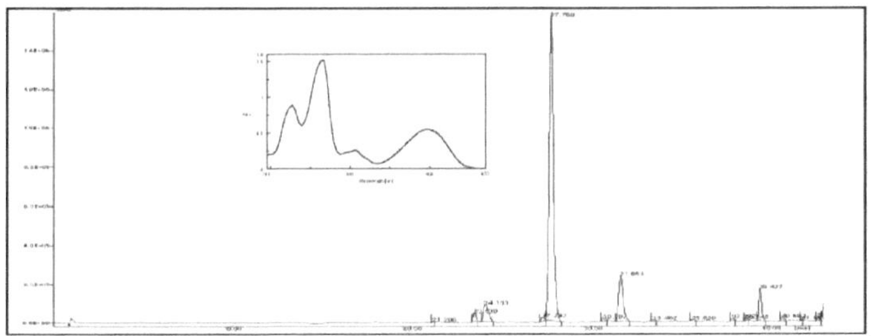

Figura 11. Cromatograma HPLC (297nm) e espectros UV do composto isolado pelo método de extração líquido-líquido.

A análise por HPLC-UV da fração isolada revelou que este procedimento permitiu isolar o composto principal de *E. persicus com* uma pureza química superior a 86%.

Método 2

3,5 g do extrato bruto foram submetidos a cromatografia flash em gel de sílica. Foram recolhidas sete fracções (1-7) com base no perfil TLC. As fracções 2 e 3 apresentaram apenas um ponto. Por conseguinte, a análise HPLC-UV-PAD destas fracções revelou que o "pico alvo" estava presente num grau de pureza elevado (> 99%) apenas nas fracções 2 e 3, enquanto que na fração 4-5 estava presente apenas em vestígios.

O rendimento do procedimento foi calculado em 1,9% (fr.2, 3/droga, w/w).

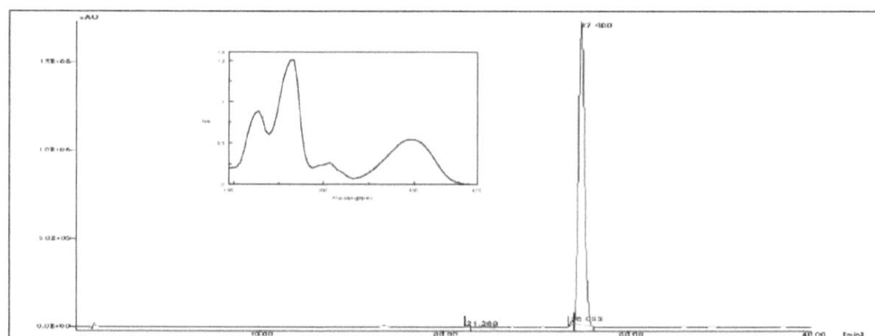

Figura 12. Cromatograma de HPLC (297nm) do composto isolado pelo método de cromatografia flash.

Os resultados globais sugerem que tanto a cromatografia flash como a extração líquido-líquido são adequadas para o isolamento do composto de interesse. Ambas são metodologias de isolamento rápidas e económicas, no entanto, a cromatografia flash permitiu obter o composto com maior grau de pureza, superior a 99%. Assim, este procedimento foi escolhido para isolar o composto de interesse em grande quantidade. Por fim, o composto foi recuperado com pureza química e em quantidade adequada para análises estruturais, bem como para ensaios biológicos preliminares *in vitro*.

5.4.2 Análise estrutural do composto isolado 1

A identificação estrutural do composto 1 foi efectuada através de técnicas de RMN mono e bidimensional, bem como de espetrometria de massa. As análises foram efectuadas em ESI-MS, [1] H-NMR, [13] C-NMR, H-[11] H COSY e DEPT NMR.

Composto 1

A análise por injeção em fluxo (FIA)- MS do composto puro foi realizada tanto no modo de iões negativos como positivos e confirmou que o peso molecular era igual a 272.

ESI-MS m/z: 272 [M]. Ião positivo ESI-MS m/z: 295[M+Na]$^+$ e ião negativo ESIMS m/z: 271 [M-H]$^-$.

O espetro de massa ESI-positivo é mostrado na Figura 13.

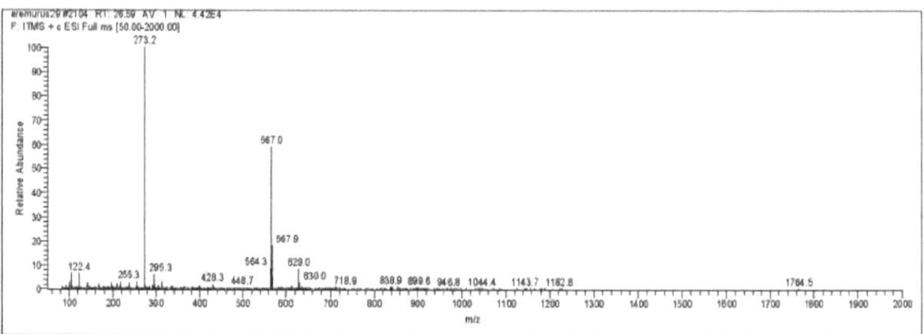

Figura 13. Espectros MS com ionização ESI positiva do composto 1

O espetro de RMN de[1] H revelou um singleto de metoxilo a 64,05 (OMe-8), um múltiplo de metileno a 62,26 (H$_2$ -3) e dois múltiplos atribuídos a um metileno a 62,70 (H-2a) e 3,05 (H-2b), um singleto de grupo metilo a 62.5, um doublet duplo de oximetina a 6 4,92 (1H, H-4), dois doublets aromáticos *meta-acoplados* a 6 6,68 (1H, H-7) e 7,12 (1H, H-5), e um singleto aromático a 6 7,15 (H-10), bem como um singleto de hidroxilo fenólico permutável a 15,17 (OH-9). Esta conclusão foi confirmada pelos dados espectrais de[13] C NMR e DEPT. (Figura 14, 15 e 16).

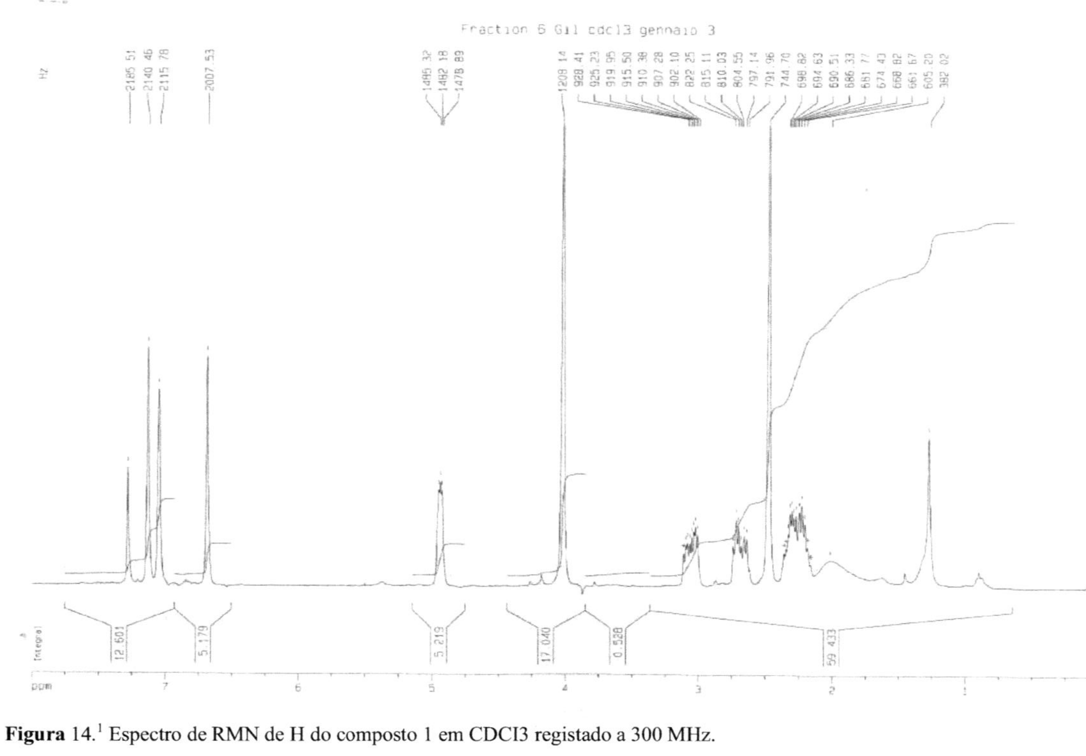

Figura 14.[1] Espectro de RMN de H do composto 1 em CDCI3 registado a 300 MHz.

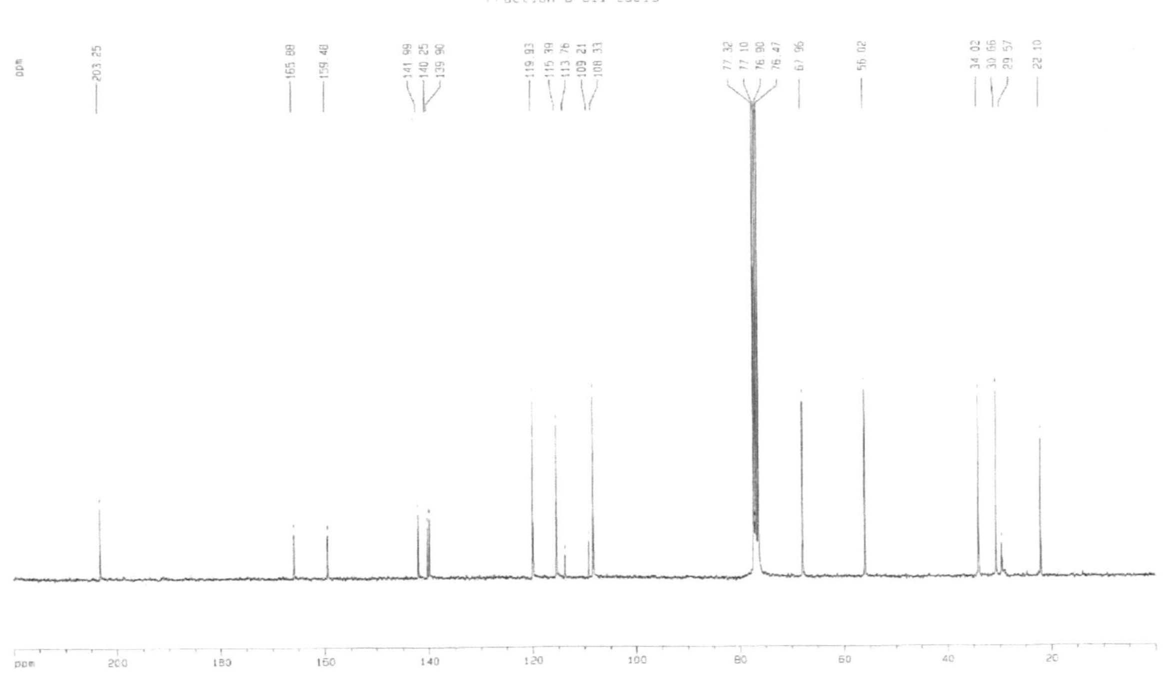

Figura 15.[13] Espectro de RMN-C do composto 1 em CDCl3 registado a 75 MHz.

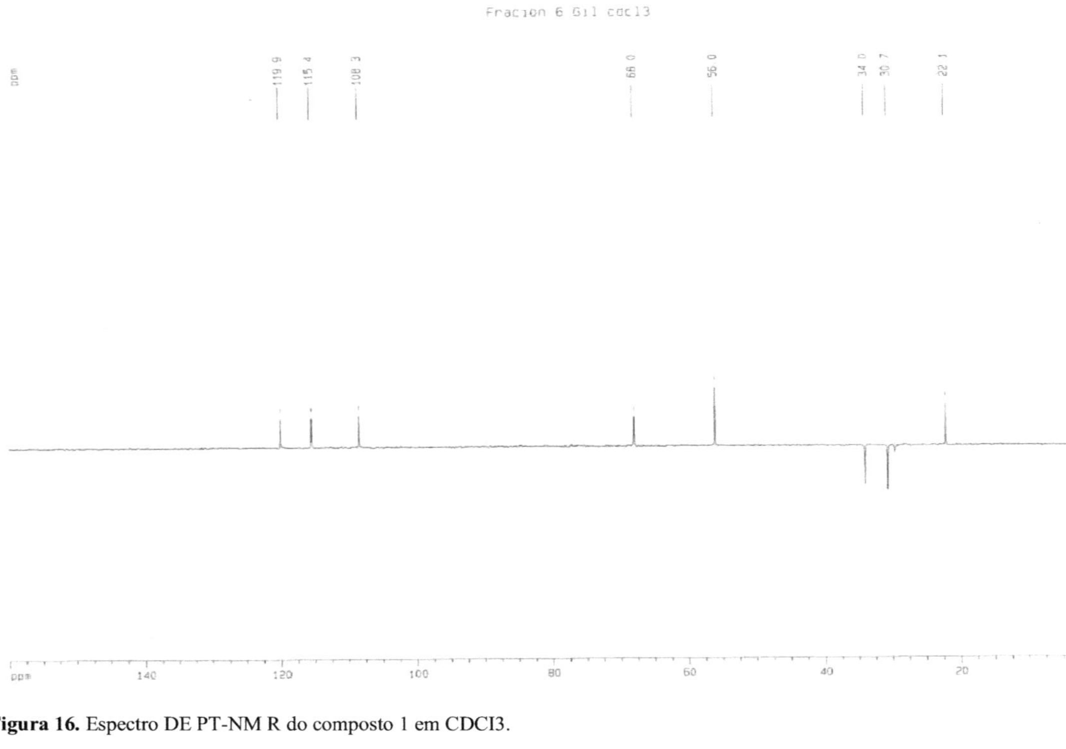

Figura 16. Espectro DE PT-NMR do composto 1 em CDCl3.

A estrutura foi elucidada como éter 8-metil do Aloesaponol III por comparação dos dados medidos de RMN 1D, 2D e ESI-MS com os dados registados na literatura (Yenesew et al.1994).

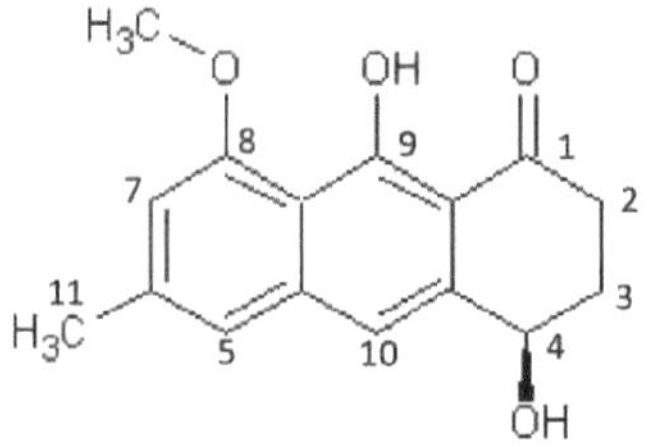

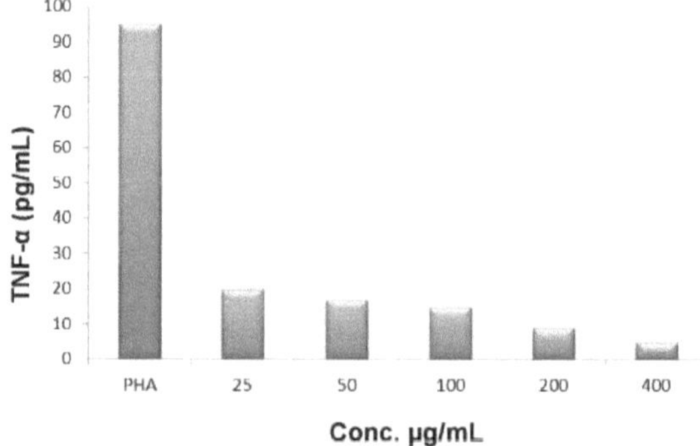

Figura 17: Estrutura do éter 8-metil do R-(-)-Aloesaponol III

Curiosamente, este composto já foi encontrado no género *Eremurus*, mas numa espécie diferente. Em particular, o *S*-(+)- ent. de Aloesaponol III 8-metil éter foi isolado em *E.chinensis* (Chong Li et al. 2000).

Para determinar a configuração absoluta do composto isolado de *E.persicus,* foi efectuada a análise polarimétrica e os resultados foram comparados com os dados referidos na literatura (Chong Li et al. 2000). A rotação ótica negativa, [a]$_D$- 18,2°, revelou que o éter 8-metil do Aloesaponol III de *E.persicus* é o enantiómero *R*-.

É interessante notar que esta é a primeira vez que se relata o isolamento do éter 8-metil do *R-Aloesaponol* III.

5.4.3 Avaliação anti-inflamatória do éter 8-metil do Aloesaponol III

Para compreender se o *R-enantiómero do* éter 8-metil *do Aloesaponol* III é o composto responsável pela atividade antinflamatória revelada pelo extrato bruto de *E.persicus*, foi avaliado o seu efeito contra o TNF alfa. Foi efectuado o ensaio com células mononucleares do sangue periférico humano (hPBMC), tal como acima mencionado. Um teste MTT não revelou efeitos citotóxicos óbvios após o tratamento das células hPBMC com diferentes doses de *R-Aloesaponol* III 8-metil éter, indicando que qualquer diminuição na produção de mediadores inflamatórios não estava relacionada com a toxicidade celular.

A resposta do fator de necrose tumoral alfa foi significativamente reduzida por 400 a 25 pg/mL de *R-Aloesaponol* III 8-metil éter (Figura 18).

Figura 18 Níveis de TNF nos sobrenadantes de cultura de hPBMC activadas com PHA após adição de diferentes concentrações de Aloesaponol III 8-metil éter.

Os resultados mostram claramente que o éter 8-metil do *R-Aloesaponol* III proporcionou uma forte atividade inibidora do TNF alfa, uma vez que reduziu significativamente (p > 0,05) os níveis de TNF alfa, se comparado com o controlo.

Demonstrámos pela primeira vez que o efeito anti-TNF alfa do éter 8-metil do Aloesaponol III.

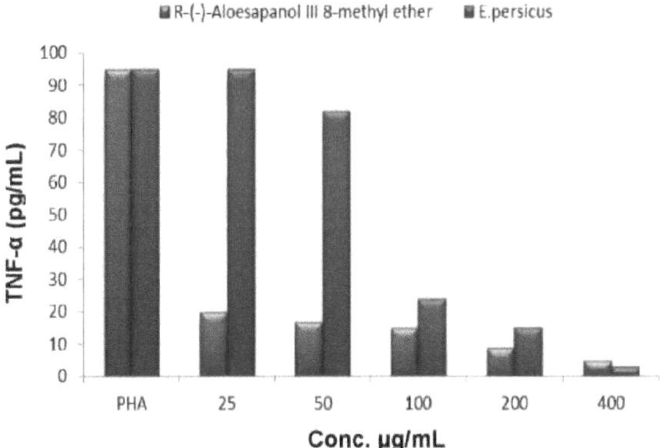

Figura 19 Níveis de TNF em sobrenadantes de cultura de hPBMC activadas com PHA após adição de diferentes concentrações de *Eremurus persicus* Boiss e R-(-) ent. de Aloesaponol III 8-metil éter.

A comparação das duas curvas dose-resposta obtidas a partir de *E.persicus* e *R-* Aloesapanol III 8-metil éter, respetivamente, evidenciou que o composto isolado é responsável pelo efeito bloqueador de TNF alfa exercido pelo extrato bruto.

Conclusão

A presente investigação conduziu à caraterização da impressão digital fitoquímica e do perfil biológico de *Eremurus persicus* Boiss e *Eremurusspectabilis* M.Bieb, bem como do medicamento adquirido no mercado curdo denominado "Eremurus". Tanto quanto é do nosso conhecimento, este é o primeiro estudo que relata a caraterização fitoquímica e biológica de extractos de raízes obtidos de diferentes espécies de *Eremurus*. Os principais objectivos são aqui resumidos:

1) A identificação da droga vendida pelo mercado curdo sem qualquer especificação da espécie;

2) Investigação do perfil biológico dos extractos etanólicos de raízes de *Eremurus, Eremurus persicus Boiss* e *Eremurus spectabilis* M.Bieb;

3) O isolamento e a elucidação estrutural do principal fitocomponente do extrato *de sucesso*;

4) Uma avaliação biológica aprofundada do(s) composto(s) isolado(s).

Em pormenor, o trabalho analítico levou à conclusão de que a droga adquirida é predominantemente composta por *Eremurus spectabilis*, uma vez que os perfis HPLC-PAD-CD e HPLC-MS/MS dos dois extractos são praticamente idênticos. De facto, os extractos etanólicos de *Eremurus e E.spectabilis* possuem uma impressão digital qualitativa muito semelhante, caracterizada pelos mesmos picos principais, que estão presentes também em quantidades comparáveis. Os resultados analíticos estão em conformidade com os resultados biológicos, que evidenciam claramente que os efeitos antirradicalares e anti-inflamatórios *in vitro* exercidos pelos extractos de *Eremurus e de E.spectabilis* são muito semelhantes.

No que diz respeito à investigação biológica, os três extractos mostraram um efeito anti-radicalar doseresponse comparável, enquanto o extrato mais interessante em termos de atividade anti-inflamatória foi o de *E.persicus*. *O extrato de E.persicus* é o mais ativo na inibição da proliferação de linfócitos induzida por PHA, bem como na libertação de TNF-a. Com base nestes resultados, podemos afirmar que a utilização etnomédica do *Eremurus persicus na* medicina tradicional curda foi avaliada, uma vez que os seus extractos etanólicos de raiz exerceram uma interessante atividade anti-inflamatória através do mecanismo bloqueador do TNF. Por esta razão, foi escolhido por nós como o nosso extrato *de sucesso* para ser investigado mais aprofundadamente.

Com este objetivo, o principal fitocomponente do extrato de raiz *etanólico de Eremurus persicus* foi isolado com um grau de pureza superior a 99%, através da aplicação de um procedimento de isolamento adequado. A estrutura do composto isolado foi elucidada como sendo o entantiómero *R* do *Aloesaponol* III 8-metil éter por comparação dos dados medidos de [a]D, 1D, 2D NMR e ESI-MS com os dados referidos na literatura. Apenas o *enantiómero S* foi encontrado em *Eremurus chinensis.*

Com base nos resultados aqui relatados, podemos afirmar que os principais objectivos do trabalho foram alcançados. Particularmente, de grande interesse é a atividade anti-inflamatória revelada para o extrato de *Eremurus persicus*, bem como para o éter 8-metil do *R*- Aloesaponol III isolado. Com efeito, a atividade dependente da dose do éter 8-metil do *R*- Aloesaponol III exercida in *vitro* em concentrações não citotóxicas sugere que este poderia representar um instrumento farmacológico útil em condições inflamatórias associadas ao aumento da produção de TNF-a. Se as experiências in *vivo* em curso confirmarem este efeito, este poderá ser o ponto de partida para o desenvolvimento de um novo composto anti-inflamatório eficaz contra doenças inflamatórias crónicas, como a artrite reumatoide e as doenças inflamatórias intestinais.

Os esforços futuros serão orientados para o desempenho:

1) A titulação do *extrato de E.persicuse* no componente ativo, a fim de avaliar com precisão a concentração *deR-Aloesaponol* III 8-metil-éter;

2)O isolamento dos outros picos principais eluídos no *cromatograma de E.persicus*, a fim de identificar plenamente o seu conteúdo fitoquímico.

3) Uma investigação aprofundada da atividade anti-inflamatória in *vivo num* modelo murino de endotoxemia.

Referências

Aynehchi Y. Pharmacognosy and Medicinal Plants of Iran (Farmacognosia e plantas medicinais do Irão). Publicação da Universidade de Teerão, Teerão (1986).

Asgarpanah J, Amin G, Parviz M. *Jornal Africano de Biotecnologia*. 2011, 54, 11287-11289.

Bernardo M.E, Avanzini M.A, Perotti C, Cometa A.M, Moretta A, Lenta E, Del Fante C, Novara F, de Silvestri A, Zuffardi O, Maccario R, Locatelli F. *J Cell Physiol 2007*, 211, 121-130.

Bruinessen M Van. *Warreport, boletim do instituto de informação sobre a guerra e a paz*. 1996, 47, 29-32.

Chong Li, Jian G, Peng Zhang Y, Zhong Z. *J. Nat. Pro*.2000, 63, 653-656.

CLSI, 2008a. Método de referência para o teste de suscetibilidade antifúngica de leveduras por diluição em caldo; norma aprovada. Terceira edição. M27-A3, vol. 28 N° 14.

CLSI, 2008b. Método de referência para testes de suscetibilidade antifúngica de fungos filamentosos por diluição em caldo; norma aprovada. Segunda edição. M38-A2, vol. 28 N° 16.

Delazar A, Shoeib M, Kumarasamy Y, Byres M, Nahar L, Modaresi M e Sarker SD. *DARU*. 2004, 12, 49-53.

Ebrahim Sajjadi S, Movahedian Atar AM e Yektaian A. *Pharm. Ata Helv*. 1998, 73, 167-70.

Edris A.E, Farrag E.S. *Nahrung*. 2003, 47, 117-21.

Everest A, Ozturk E. *Journal of Ethnobiology and Ethnomedicine*. 2005, 1: 6.

Gadd G.M. Toxicity screening using fungi and yeasts (Rastreio da toxicidade utilizando fungos e leveduras). Em "Toxicity testing using microorganisms.vol II", B.J. Dutka e G. Bitton (eds.), CRC Press, Florida. 1986, 202 pp.

Gaggeri R, Rossi D, Hajikarimian N, Martino E, Bracco F, Grisoli P, Dacarro C, Leoni F, Mascheroni G, Collina S. *Open Nat.Prod.J*. 2010, 3,20-25.

Gaggeri R, Rossi D, Christodoulou M.S, Passarella D, Leoni F, Azzolina O, Collina S. *Molecules*. 2012, 17.

Ghafghazi T, Samsam Sheriat H, Movahhedian A e Purmoghaddas M. A.4th Seminar on Medicinal Plants, Universidade de Ciências Médicas de Teerão, Teerão (1990).

Ghorbani A.B. (Tese de Mestrado), Faculdade de Ciências, Universidade de Teerão, Teerão 2004.

Golshani S, Karamkhani F, Monsef-Esfehani H.R, Abdollahi M. *J. Pharm. Pharm. Sci*. 2004, 7, 76-79.

Gunter M.M. *The Scarecrow Press*. 2004, Lanham, Maryland.

Han J, Ye M, Qiao X, Xu M, Wang B, Guo D. *Journal of Pharmaceutical and Biomedical Analysis* 2008, 47, 516-525.

Holt G. A, Chandra A. *Clin. Res. Assuntos Regulamentares (EUA)*. 2002, 19, 83-107.

Iqbal M et al. *J. Chem. Soc.Pak*. 2005.

Iwe e Wooton. *Ethnomedicine and Drug Discovery*. 2002, 12,145-153

Hooper D, Field H. *Field Museum of Natural History, Boatanical Seies*. 1937, 9, 71-241.

Hooper D, Field H. *Useful plants and drugs in Iran and Iraq*. 1937, IX,3, 117.

Kang J, Zhou L, Sun J, Han J, Guo D. *Journal of Pharmaceutical and Biomedical Analysis*. 2008, 47, 778-785.

Karaman K, Polat B, Ozturk I, Sagdic O, Ozdemir C. *J.Med. Food*.2011, XX, 16.

Karaman S, Kocabas Y.Z. *As Ciências*. 2001, 3, 125-128.

Karl H.R. *Flora iraniana. Lileaceae Eremurus Speices*.1982, 1-31.

Khan S.S, Ahmad V.U, Saba N, Tareen R.B. *Pak. J. Bot*.2011, 43, 2311-2313.

Kusirisinw W, Srichairatanakool S, Lerttrakarnnon P, Lailerd N, Suttajit M, Jaikang C, Chaiyasutc. *Med Chem*. 2009, 5, 139-147.

Lang Q, Wai C.M. *Talanta*. 2001, 53(4), 771-782.

Lietava J. *Journal of Ethnopharmacology*. 1992, 35, 263-266.

Loomis W.D, Battaile J. *Phytochemistry*.1966, 5, 423- 438.

Izady R.M. *A Concise Handbook*, Taylor and Francis, Washington, D.C. 1992.

Makkar H.P.S, Michael B, Norbert K.B, Klaus B. *J.Sci Agirc*. 1993, 61, 161-165.

Mamedov N, Gardner Z. *Journal of Herbs, Spices and Medicinal Plants*. 2004, 11, 191-222.

Mati E, de Bore H. *J.Ethnopharmacol*. 2011, 133, 490-510.

McDowall D. *I. B Tauris and Co., Ltd*. 2007, Londres, Reino Unido.

Miller R.B, McConville M.J, Woodrow I.E. *Phytochemistry*. 2005, 67, 43-51.

Miraldi E, Ferri S, Mostaghimi V. *Journal of Ethnopharmacology*. 2001, 75, 7787.

Naghibi F, Mosaddegh M, Motamed M.S, Ghorbani A. *Jornal Iraniano de Investigação Farmacêutica*. 2005, 2, 63-79.

Newman D.J, Cragg G.M, Snader K.M. *Nat. Prod. Rep*, 2000, 17, 215-234.

Ozturk F, Olcucu C. *International J.of Academic Research*. 2011, 3 (1) Part1.

Ozgokce F, Uzcelik H. *Economic botany* 2004, 58, 697-704.

Papetti A, Daglia M, Gazzani G. *J. Agric. Food Chem*. 2002, 50, 4696-4704.

Rasooli I, Mirmostafa SA. *Fitoterapia*. 2002, 73, 183-279.

Rustaiyan A, Zare K, Habibi Z. 4º Seminário sobre Plantas Medicinais. Universidade de Ciências Médicas de Teerão, Teerão 1990.

Safar K.N, Osaloo S.K, Zarrei M. *Iran.J.Bot*. 2009, 15, 27-35.

Sairafianpuor M. Departamento de Química Médica, Escola Real Dinamarquesa de Farmácia, Copenhaga (2002).

Shaiq Ali M, Saleem M, Ali Z, Ahmad V. *Phytochem*. 2000, 55, 933-936.

Sharififar F. (Tese de Doutoramento em Farmácia), Faculdade de Farmácia, Universidade de Ciências Médicas de Teerão, Teerão (2003).

Sharififar F, Yassa N, Shafiee A. *J. Pharm. Res*. 2003, 235-239.

SIIA - Instituto Sueco de Assuntos Internacionais. 2008. Países em tamanho de bolso: Iraque.

Singleton et al. *Enzymology* 1999, 299, 152-178.

Smirnova N.I, Mestechkina N.M, Shcherbukhin V.D. Appl Biochem Microbiol. 2001, 37, 287-291.

Solecki S.R. *Science*. 1975, 190, 880-881.

Spainhour C. B. In S. C. *Gad (Ed.),Regulatory Toxicology*, 2nd ed. Taylor & Francis, London. 2001, 192-204.

Ulubelen A, Oksuz S, Kolak U, Bozok-Johansson C, Celik C, Voelter W. *Planta Med*. 2000, 66, 458-62.

Vala M.H, Asgarpanah J, Hedayati M.H, Shirali J, Bejestani F.B. *Jornal Africano de Investigação Microbiológica*. 2011, 16, 2349-2352.

Wendelibo P. *In flora Iranica*. 1982, 151, 3-31.

Yekta Z, Zamani A.R, Mehdizade M, Farajzadegan Z. *J Res Health Sci*.2007, 7, 24-31.

Yenesew A, Dagne E, Muller M, Steglich W. *Phytochemistry*. 1994, 37, 525528.

Yesil Y, Akalin E. *Turk.J.Pharm.Sci*.2009, 6,207-220.

Yildiz K. *Pluto Press*. 2007, Londres, Reino Unido.

Young C.N, Koepke J.I, Terlecky L.J, Borkin M.S, Boyd S.L, Terlecky S.R. *J. Invest. Dermatol*. 2008, *128*, 2606-2614.

Zhang Y.P, Zhang C.Z, Tao B.Q, Li C. *China Journal oh Chinese Materia Medica*. 2000, 25, 355-356.

Agradecimentos

Agradeço ao Todo-Poderoso (Alá) por me ter concedido saúde e vitalidade para realizar este trabalho.

Os meus sinceros agradecimentos e apreço são extensivos ao Governo Regional do Curdistão, ao Ministério do Ensino Superior e da Investigação Científica e à presidência da Universidade de Salahaddin, em especial ao Prof. **Dr. Ahmed Dizaye** e ao Prof. **Dr. Faiq H.S.Hussain**, à Universidade de Pavia-Itália, com um agradecimento especial ao **Prof. Dr. Giovanni Vidari.**

Simona Collina pelas suas valiosas sugestões e críticas durante todo o período do mestrado.

Devo o meu profundo agradecimento à **Dra. ssa. Raffaella Gaggeri** pela sua grande ajuda durante todo o período do estudo.

Gostaria de agradecer ao Sr. **shapoor Darabi, Azadi, mashalla,** ao Sr. **abobaker mohammed e** ao **Sr. Emad mohammed** pela sua grande ajuda durante a recolha das plantas no Curdistão e no Irão.

Dedico a minha gratidão aos meus amigos e colegas que me ajudaram em diferentes fases da investigação: **Sr. Hawraz, Sr. Mohammed F, Sr. Peshawa, Sr. Fuad, Sr. Wria, Sr. Karem, Sr. Haval, Sr. Jabbar L, Dra. ssa Alice, Dra. ssa Anna Maria, Pietro, Sara V. e Sara F, Elena**.

Por último, gostaria de expressar a minha sincera gratidão ao **Dr. Abdullah Sa'ed, à Dra. ssa Daniela Rossi, à Dott.ssa.Corana (Centro Grandi Strumenti Uni.Pavia), à Dott.ssa.Avanzini (Policlinico S. Matteo/ Pavia), à Dott.ssa.Tosi, ao Dr. G. Gilardoni, ao Dr. Davide G.** e a todos os meus amigos que não são mencionados aqui, a todos os que me ajudaram e orientaram e, em especial, à minha **família**.

Karzan Mahmood Ahmed

Printed by Books on Demand GmbH, Norderstedt / Germany